水产养殖业绿色发展技术丛书
农业农村部渔业渔政管理局　组编

海鲈
绿色高效养殖
技术与实例

农业农村部渔业渔政管理局　组编
温海深　张美昭　李卫东　主编

HAILU
LÜSE GAOXIAO YANGZHI
JISHU YU SHILI

中国农业出版社
北　京

图书在版编目（CIP）数据

海鲈绿色高效养殖技术与实例／农业农村部渔业渔政管理局组编；温海深，张美昭，李卫东主编 . —北京：中国农业出版社，2021.1

（水产养殖业绿色发展技术丛书）

ISBN 978 - 7 - 109 - 26665 - 0

I.①海… Ⅱ.①农… ②温… ③张… ④李… Ⅲ.①鲈形目－海水养殖 Ⅳ.①S965.211

中国版本图书馆 CIP 数据核字（2020）第 040522 号

中国农业出版社出版

地址：北京市朝阳区麦子店街 18 号楼

邮编：100125

策划编辑：郑　珂　王金环

责任编辑：王金环

版式设计：王　晨　责任校对：吴丽婷

印刷：北京通州皇家印刷厂

版次：2021 年 1 月第 1 版

印次：2021 年 1 月北京第 1 次印刷

发行：新华书店北京发行所

开本：880mm×1230mm　1/32

印张：6.25　　插页：8

字数：220 千字

定价：38.00 元

丛书编委会

本书编委会

丛书序 PREFACE

2019 年，经国务院批准，农业农村部等 10 部委联合印发了《关于加快推进水产养殖业绿色发展的若干意见》（以下简称《意见》），围绕加强科学布局、转变养殖方式、改善养殖环境、强化生产监管、拓宽发展空间、加强政策支持及落实保障措施等方面作出全面部署，对水产养殖业转型升级具有重大意义。

随着人们生活水平的提高，目前我国渔业的主要矛盾已经转化为人民对优质水产品和优美水域生态环境的需求，与水产品供给结构性矛盾突出与渔业对资源环境的过度利用之间的矛盾。在这种形势背景下，树立"大粮食观"，贯彻落实《意见》，坚持质量优先、市场导向、创新驱动、以法治渔四大原则，走绿色发展道路，是我国迈进水产养殖强国之列的必然选择。

"绿水青山就是金山银山"，向绿色发展前进，要靠技术转型与升级。为贯彻落实《意见》，推行生态健康绿色养殖，尤其针对养殖规模大、覆盖面广、产量产值高、综合效益好、市场前景广阔的水产养殖品种，率先开展绿色养殖技术推广，使水产养殖绿色发展理念深入人心，农业农村部渔业渔政管理局与中国农业出版社共同组织策划，组建了由院士领衔的高水平编委会，依托国家现代农业产业技术体系、全国水产技术推广总站、中国水产学会等组织和单位，遴选重要的水产养殖品种，

1

邀请产业上下游的高校、科研院所、推广机构以及企业的相关专家和技术人员编写了这套《水产养殖业绿色发展技术丛书》，宣传推广绿色养殖技术与模式，以促进渔业转型升级，保障重要水产品有效供给和促进渔民持续增收。

这套丛书基本涵盖了当前国家水产养殖主导品种和主推技术，围绕《意见》精神，着重介绍养殖品种相关的节能减排、集约高效、立体生态、种养结合、盐碱水域资源开发利用、深远海养殖等绿色养殖技术。丛书具有四大特色：

突出实用技术，倡导绿色理念。 丛书的撰写以"技术＋模式＋案例"的主线，技术嵌入模式，模式改良技术，颠覆传统粗放、简陋的养殖方式，介绍实用易学、可操作性强、低碳环保的养殖技术，倡导水产养殖绿色发展理念。

图文并茂，融合多媒体出版。 在内容表现形式和手法上全面创新，在语言通俗易懂、深入浅出的基础上，通过"插视"和"插图"立体、直观地展示关键技术和环节，将丰富的图片、文档、视频、音频等融合到书中，读者可通过手机扫二维码观看视频，轻松学技术、长知识。

品种齐全，适用面广。 丛书遴选的养殖品种养殖规模大、覆盖范围广，涵盖国家主推的海、淡水主要养殖品种，涉及稻渔综合种养、盐碱地渔农综合利用、池塘工程化养殖、工厂化循环水养殖、鱼菜共生、尾水处理、深远海网箱养殖、集装箱养鱼等多种国家主推的绿色模式和技术，适用面广。

以案说法，产销兼顾。 丛书不但介绍了绿色养殖实用技术，还通过案例总结全国各地先进的管理和营销经验，为养殖者通过绿色养殖和科学经营实现致富增收提供参考借鉴。

本套丛书在编写上注重理念与技术结合、模式与案例并举，力求从理念到行动、从基础到应用、从技术原理到实施案例、从方法手段到实施效果，以深入浅出、通俗易懂、图文并茂的方式系统展开介绍，使"绿色发展"理念深入人心、成为共识。丛书不仅可以作为一线渔民养殖指导手册，还可作为渔技员、水产技术员等培训用书。

希望这套丛书出版能够为我国水产养殖业的绿色发展作出积极贡献！

农业农村部渔业渔政管理局局长：

2021 年 11 月

前　言　FOREWORD

2019年，经国务院同意，农业农村部等10部委联合印发了《关于加快推进水产养殖业绿色发展的若干意见》（以下简称《意见》），围绕加强科学布局、转变养殖方式、改善养殖环境、强化生产监管、拓宽发展空间、加强政策支持及落实保障措施等方面作出全面部署。为贯彻落实《意见》，推行生态健康绿色养殖，尤其针对养殖规模大、覆盖面广、产量产值高、综合效益好、市场前景广阔的水产养殖品种，率先开展绿色养殖技术推广，使水产养殖绿色发展理念深入人心，成为水产科技工作者义不容辞的责任。适逢农业农村部渔业渔政管理局与中国农业出版社组织策划了"水产养殖业绿色发展技术丛书"，遴选重点水产养殖品种介绍推广绿色技术和模式，海鲈（花鲈）作为海水养殖鱼类中重要的种类被列入其中。值此契机，编者组织海鲈产业上下游的高校、科研院所、推广机构以及企业的相关专家和技术人员编写了本书，以期推动花鲈产业转型升级，实现绿色高质量发展。

花鲈（*Lateolabrax maculatus*）是我国海水养殖业中非常重要的种类，其肉质鲜美、营养丰富，广受消费者欢迎。花鲈生长快速，适盐、适温范围广，抗逆、抗病能力极强，适合在我国南北方海水、半咸水及淡水水域中养殖，在池塘、工厂化、

1

网箱等水体中均可以快速生长，在沿海和内陆水域均具有非常广阔的养殖前景。2018年海鲈（主要是花鲈）位居海水鱼类养殖产量第二位，已成为水产养殖的支柱产业，为保障优质动物蛋白供给、促进渔业产业兴旺及渔民生活富裕、出口创汇等作出了突出贡献。目前，我国大力发展深远海养殖产业，花鲈作为重要的候选品种更是受到极大关注。水产技术推广机构在内蒙古、黑龙江等内陆盐碱水域已开展了花鲈的试验养殖，以期丰富当地水产养殖品种，优化产业结构。随着海鲈市场需求不断扩大，支撑产业发展的关键技术、配套体系、组织机制等已经基本建立。在国家海水鱼产业技术体系的支撑和全国性协会的组织协调下，花鲈品种改良、苗种培育、商品鱼养成、产品深加工等全产业链条各环节得到进一步完善和提升，产业的空间布局和运作模式将会进一步优化，发展前景极为广阔。

本书开篇从微观视角介绍了花鲈的分类地位、形态学特征、生物学特性以及美食菜系等，使读者首先认识花鲈这一重要的水产经济品种。随后，从宏观的视角出发，介绍了花鲈产业的规模产值、空间布局、运作模式、面临的问题及解决对策、未来发展前景，并从全产业链介绍了从养殖场到餐桌的"科技护航"，科普"一条鱼、一个产业"背后的科技支撑，使读者了解我们国家对水产养殖品质安全、环境保护、绿色高效的高度重视。产业的发展伴随着文化的积淀，花鲈也不例外，作为鲈鱼中重要的一种，本书特别介绍了历史中记载的鲈鱼、现代鲈鱼品牌和文化节以及中国鲈鱼文化博物馆。为使感兴趣的读者对花鲈有更深入的了解，第二章从专业角度对花鲈进行了更细致的介绍，帮助读者在形形色色的"鲈鱼"中识别花鲈，了解其生活习性。第三章和第四章围绕花鲈绿色高效养殖模式与技术及实例展开介绍，包括亲鱼培育、人工催产与授精、受精卵运输与孵化、鱼苗培育、大规格鱼种培育、苗种运输、活饵料培养等技术，以及适宜花鲈养殖的池塘养殖、海水池塘工程化循环水养殖、盐碱水域养殖、海水网箱养殖等模式，注重技术与模式相嵌，倡导推广现代高效模式，兼顾优化传统模式，普及绿色养殖理念。第五章通过介绍花鲈的收获、保鲜流通与加工，从促进一二三产业融合、延长产业链、提高附加值角度，一方面使读者对花鲈的终端产品有更多了解，另一方面启发养殖业者对产品经营有更多思考。最后，本书介绍了花鲈优秀生产企业，以期让读者了解现代化水产养殖企业以及花鲈产业的繁荣发展。

得益于中国海洋大学水产学院、全国水产技术推广总站、中国水产科学研究院南海水产研究所、北部湾大学海洋学院、内蒙古自治区水产技术推广站、珠海市现代农业发展中心、广东强竞农业集团、福建闽威实业有限公司、唐山耕海水产科技有限公司、广东粤海饲料集团股份有限公司、利津县双瀛水产苗种有限责任公司、珠海市斗门区河口渔业研究所、烟台中集蓝海洋科技有限公司等单位的积极参与和大力支持，本书内容涵盖花鲈"产、学、研、推"以及文化等方方面面，编写人员均为从事花鲈科研、教学、技术研发、模式推广、养殖生产的一线人员，他们均具有深厚的理论功底和丰富的实践经验。在编写过程中，编者力求做到简单直观、通俗易懂，辅以大量实物、实景照片和模式图以及视频二维码，以期达到给读者科普趣味知识、推广实用技术的目的。在此，向对本书编写给予大力支持的相关单位和人员表示衷心的感谢。此外，中国农业出版社对本书的策划和出版给予了大力支持，在此一并表示感谢。

由于编写时间仓促，加之编者水平有限，且内容涉及花鲈繁育、养殖、加工、流通、文化等诸多方面，书中难免存在疏漏和不足，敬请广大读者批评指正。

2020 年 1 月

目　录　CONTENTS

第二章 识别海鲈 / 24

第三章 海鲈绿色高效养殖模式与技术 / 30

第四章　海鲈绿色高效养殖案例 / 122

第五章 海鲈的收获、保鲜流通与加工／153

第一章

海鲈概述

第一节 营养美味的海鲈

一、海鲈"姓甚名谁"

海鲈一般主要指花鲈、欧洲舌齿鲈和尖吻鲈，养殖产量中主要指花鲈。花鲈（*Lateolabrax maculatus*）又称中国花鲈，俗称海鲈、寨花、七星鲈等，分布于中国沿海、日本靠近中国一侧沿海，南到越南边界，北到朝鲜半岛西岸，为东北亚特有种。其近似种有日本真鲈（*L. japonicus*）、高体鲈（又称宽花鲈、宽真鲈）（*L. latus*）。三者的区别对比见彩图1。因花鲈是我国海水养殖鲈鱼的主要种类，一般大众所说的海鲈，基本是指花鲈。因此，本书中提及海鲈时一般均指花鲈这一品种。

从20世纪90年代开始，国内外学者对花鲈和日本真鲈在形态学、遗传学和生态学方面的差异进行了研究，普遍认为花鲈与日本真鲈为两个不同物种。日本学者Yokogawa（1995）对花鲈、日本真鲈和高体鲈的形态特征进行了详细比较，高体鲈体高、头小、鳞较大，体色为灰色，与其他两种很容易区别。高体鲈第二背鳍软条超过15枚，而其他两种均少于14枚；高体鲈侧线下鳞不超过16枚，而其他两种则多于16枚。此外，高体鲈颊部鳞较多，其他两种此部位无鳞或有很少鳞。花鲈的主要特征是体背侧具许多大黑斑（彩图1）。此外，花鲈的瞳孔也比较大。花鲈与日本真鲈相比，侧线鳞数、鳃耙数和脊椎骨数均较少。根据幼鱼的有些特征也容易把两者区分开，花鲈胸鳍基部布鳞区比日本真鲈的小（彩图 1），日本真鲈在鼻孔的内侧各具 1 列鳞，且越过前鼻孔往前延伸，而花鲈的这列鳞不超过前鼻。这两种幼鱼的特征在体长 25 厘米以内较明显，故常用来区分花鲈与日本真鲈的苗种。花鲈广布于中国沿海、日本靠近中国一侧沿海，南到越南边界，北到朝鲜半岛西岸；日本真鲈的主要分布区域为除北海道以外的日本沿岸水域和朝鲜半岛东南近岸水域；高体鲈则仅分布于日本静冈、长崎等南部近海海域。有些学者认为在我国沿海花鲈有北方群体和南方群体，前者主要分布于黄海、渤海沿海和东海沿海，后者分布于南海沿海和广西北海沿海，但是对具体的种群划分没有明确的定论。

二、餐桌上的美味

海鲈一直是北方传统饮食习俗中的主菜，在南方珠三角一带也有吃鲈鱼（主要是花鲈，下同）的风俗习惯，在非物质文化遗产"斗门水上婚嫁"之中，鲈鱼在喜宴上扮演着非常重要的角色。海鲈肉质白嫩、清香，没有腥味，肉为蒜瓣形，最宜清蒸、红烧或炖汤。广东人认为，清蒸的海鲈才能保持其原汁原味的新鲜，肉质才能保持白嫩细腻。另外，珠三角地区还有利用海水网箱或室内洁净水体吊水养殖大规格海鲈用于鱼生餐饮的做法，据称这种模式养出来的鱼口感优于三文鱼。海鲈以其优良的肉质、实惠的价格，形成了多种各具特色的美味佳肴，走上了千家万户的餐桌（彩图 2 至彩图 21）。

三、海鲈营养与药用价值

1. 海鲈营养价值

海鲈鱼肉蛋白中氨基酸组成种类齐全（表 1 - 1），富含人体所必需的优质氨基酸，且比例均衡，营养价值高，其必需氨基酸含量占氨基酸总量的 50.84%，高于其他的养殖鱼类如军曹鱼（45.96%）、罗非鱼（40.07%）、脆肉鲩（34.13%）。海鲈鱼肉中鲜味氨基酸含量丰富，如谷氨酸、天冬氨酸、丙氨酸、甘氨酸的含量占氨基酸总量的 38.13%，所以鱼肉口感鲜甜。

海鲈鱼肉脂肪中的脂肪酸以不饱和脂肪酸为主（表 1-2），富含人体所需的高不饱和脂肪酸 EPA（二十碳五烯酸）和 DHA（二十二碳六烯酸）。其 EPA 和 DHA 的含量相比其他海淡水鱼类更高。有学者对海鲈、鲑、带鱼、黄花鱼、鲅、鲳、鳜、中华鲟、鲢、鳙、罗非鱼、武昌鱼、鲤和草鱼等 14 种市售商品鱼的营养成分进行了检测，结果显示，海鲈肌肉与内脏脂肪中的 DHA 含量居所有被测样品之首，占其脂肪酸含量的 18.6%～20.1%，比被检测的鲑 DHA 含量高出近 5 个百分点。可以说，海鲈是众多渔业品种中的 DHA 之王。而 DHA，俗称脑黄金，属于 Omega-3 不饱和脂肪酸家族中的重要成员。DHA 是神经系统细胞生长及维持的一种主要元素，是大脑和视网膜的重要构成成分，因此 DHA 是一种对人体非常重要的多不饱和脂肪酸。DHA 在人体大脑皮层中含量高达 20%，在眼睛视网膜中所占比例最高，约占 50%，因此，对胎婴儿智力和视力发育至关重要。

此外，海鲈鱼肉还含有维生素 A、维生素 B、维生素 D 及对人体健康有益的微量元素钙、镁、铁、锌、硒等，均对人体内皮细胞产生调节作用，从而参与体内微循环反应，提高机体的免疫功能。

表 1-1　100 克海鲈鱼肉的氨基酸含量

氨基酸	含量（克）	氨基酸	含量（克）
Thr	0.92 ± 0.09	Asp	2.07 ± 0.12
Val	1.03 ± 0.19	Ser	0.77 ± 0.05
Met	0.64 ± 0.08	Tyr	0.73 ± 0.07
Phe	0.88 ± 0.14	Pro	0.61 ± 0.03
Ile	0.98 ± 0.11	His	0.46 ± 0.07

（续）

氨基酸	含量（克）	氨基酸	含量（克）
Leu	1.65 ± 0.04	氨基酸总量（TAA）	19.12 ± 0.6
Lys	1.97 ± 0.08	必需氨基酸（EAA）	9.72 ± 0.47
Arg	1.19 ± 0.24	鲜味氨基酸（DAA）	7.29 ± 0.83
Ala	1.19 ± 0.20	EAA/TAA（%）	50.84
Gly	1.02 ± 0.11	DAA/TAA（%）	38.13
Glu	3.01 ± 0.24		

表 1-2 海鲈鱼肉的脂肪酸组成

脂肪酸	含量（%）	脂肪酸	含量（%）
$C_{12:0}$	0.7 ± 0.13	$C_{20:1}$	0.7 ± 0.12
$C_{14:0}$	2.5 ± 0.21	$C_{18:3n3}$	3.0 ± 0.57
$C_{14:1n5}$	0.2 ± 0.08	$C_{21:0}$	<0.05
$C_{15:0}$	0.3 ± 0.07	$C_{20:2}$	0.2 ± 0.04
$C_{16:0}$	19.4 ± 0.37	$C_{22:0}$	2.7 ± 0.30
$C_{16:1n7}$	6.7 ± 0.74	$C_{20:3n3}$	<0.05
$C_{17:0}$	0.3 ± 0.09	$C_{22:1n9}$	0.3 ± 0.07
$C_{18:0}$	2.8 ± 0.20	$C_{20:4n6}$	0.4 ± 0.05
$C_{18:1n9c}$	18.5 ± 0.93	$C_{24:0}$	0.9 ± 0.07
$C_{18:2n6c}$	14.4 ± 0.51	$C_{20:5n3}$	6.4 ± 0.22
$C_{20:0}$	0.2 ± 0.06	$C_{24:1n9}$	<0.05
$C_{18:3n6}$	0.3 ± 0.10	$C_{22:6n3}$	12.8 ± 0.77

注：不饱和脂肪酸含量占 $(63.9\pm6.13)\%$，脂肪酸不饱和度为 68.2%。

2. 海鲈药用价值

有关海鲈的药用价值，古书中有诸多记载。《本草纲目》中记载：鲈鱼，调胃气，利五脏。《本草经疏》中记载：鲈鱼，味甘淡气平与脾胃相宜。肾主骨，肝主筋，滋味属阴，总归于脏，益二脏之阴气，故能益筋骨。脾胃有病，则五脏无所滋养，而积渐流于虚弱，脾弱则水气泛滥，益脾胃则诸证自除矣。《食经》中记载：主风痹瘀症，面疱，补中，安五脏，可为鳢胗。《食疗本草》中记载：安胎、补中，作鲙尤佳。《嘉祐本草》中记载：补五脏，益筋骨，和肠胃，治水气。《本草衍义》中记载：益肝肾。由以上古书中的记载可知，食用海鲈对身体有颇多益处。

第二节　海鲈养殖规模和产业发展

一、海鲈养殖产业规模

据统计，我国 2018 年海水鱼类养殖产量为 149.51 万吨，其中大黄鱼产量最高，为 19.80 万吨，海鲈（花鲈与尖吻鲈总和）产量位居第二，为 16.66 万吨（农业农村部渔业渔政管理局等，2019）（图 1-1）。我国海鲈人工养殖区域较广，除了台湾（没有统计）和上海外，其他沿海省份均有养殖，但产业主要集中在广东、山东、福建、浙江、广西等省、自治区的沿海地区（图 1-2）。

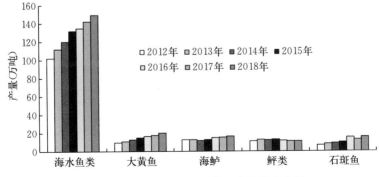

图 1-1　我国海水养殖鱼类及海鲈养殖产量

2010 年以来，我国海鲈每年养殖产量均超过 10 万吨，约为日本和韩国海鲈养殖产量的总和，年总产值超过 30 亿元。其中广东、福建、浙江、山东和广西养殖产量比较高。海水网箱、室内工厂化、海水池塘、内陆池塘、河口池塘和中小型水库等均适合海鲈规模化养殖，珠江口地区海鲈养殖年产量占我国海鲈年产量的一半以上，是我国海鲈养殖与加工的主产区。

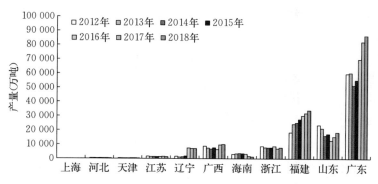

图 1-2 我国海鲈养殖产量及地域分布

二、海鲈产业布局及运作模式

总体来看，我国海鲈产业已形成包括种质资源保存、苗种繁育、商品鱼养成、加工、流通与销售在内的全国大循环链条，产业的空间布局特征明显。从运作模式看，海鲈产业基本上形成了"南北接力"的繁育与养殖模式，即：优良的海鲈种质资源来自黄海、渤海海区，福建和浙江繁育所需要的海鲈亲鱼均是黄渤海群体，它们在浙江等地进行人工繁殖后，受精卵被销往福建漳州等地，进行下一步的孵化与仔鱼培育工作，培育出的苗种销往广东珠海地区进行中间培育和商品鱼养成，成鱼销往全国各地（彩图 22）。

1. 广东养殖概况

广东珠海是我国海鲈养殖主产区，海鲈产量占全国海鲈总产量

的50％以上。2018年珠海市海鲈（主要为花鲈，下同）养殖面积达3.1万亩*，产值21亿元，产量12万吨。据统计，2009—2018年，珠海斗门海鲈养殖产量从2.0万吨发展到12.0万吨。珠海斗门区的白蕉海鲈养殖先后获得"广东省珠海海鲈养殖标准化示范区""广东特色养殖示范基地""国家级珠海海鲈养殖标准化示范区""珠海海鲈中国特色农产品优势区"等系列国家级、省级称号，并获得"无公害农产品"认证、"中国农产品名牌"等荣誉称号。2009年，珠海海鲈被评为"国家地理标志"产品，2017年珠海海鲈被评为"中国百强农产品区域公用品牌"，同年广东省珠海市斗门区白蕉海鲈中国特色农产品优势区成为第一批"中国特色农产品优势区"，2018年，"白蕉海鲈"被评为"广东省最具影响力的渔业区域性公用品牌"。2011年白蕉镇获得"中国海鲈之乡"称号，2019年珠海市获得"中国海鲈之都"称号。

珠海市海鲈产业以"龙头企业＋基地＋渔户"的生产经营模式，带动了3 000多养殖户走上致富之路，推进了海鲈产业发展，形成了集苗种规模化繁育、标准化养殖、饲料生产、仓储、加工、物流配送、冷链生鲜运输、国内外销售等于一体，上下游产业链完整，产业配套设施完善，品牌文化影响力强，社会知名度高的产业格局。海鲈产业已成为珠海市农业经济的支柱产业，经济和社会效益显著。珠海海鲈销往青岛、北京、上海以及韩国、日本等地。珠海市海鲈培育产业壮大了广东强竞农业集团、斗门区海源鲈鱼产销专业合作社等40多个企业、专业合作社，解决了一大批农业闲余劳动力的务工就业，形成了"产供销一条龙"。珠海海鲈全产业链产值超过100亿元，全市从事海鲈产业的人员过万。

2. 福建养殖概况

福建省漳州市是花鲈人工繁育、苗种供应较为集中的地区，有许多养殖户、企业从事花鲈人工繁殖、苗种培育及销售。当地主要采用海水和淡水池塘进行苗种培育。据不完全统计，漳州市共有花

---

 * 亩为非法定计量单位，15亩＝1公顷，下同。——编者注

鲈鱼苗孵化场近 100 家，年孵化受精卵可达 4 000 千克左右，受精卵主要来自浙江宁波象山港附近的花鲈养殖场。规模较大的企业中，福建闽威实业股份有限公司被确定为农业农村部花鲈健康养殖示范场、中国农村专业技术协会福建福鼎鲈鱼养殖专业技术交流中心、福建省闽威花鲈加工企业工程技术研究中心等。

3. 山东养殖概况

山东省拥有国家级花鲈原种场，主要进行花鲈原种的保存与供应。2017 年东营市利津县双瀛水产苗种有限责任公司获批成为花鲈省级良种场，是目前北方地区花鲈品种改良和人工繁育的主要基地，为黄海、渤海海域以及内陆水产养殖区供应花鲈苗种。青岛、日照等地区利用离岸网箱养殖花鲈，发展休闲渔业。东营地区采用盐碱水域池塘养殖花鲈，取得良好成效。

三、海鲈种业发展概况

据不完全统计，国内海鲈苗种市场需求量为 10 亿尾左右，近年来内陆养殖水域对海鲈苗种需求也在增加，每年受精卵生产量为 3 000～4 000 千克，受精卵主要来自浙江和福建等地，经过孵化和仔鱼培育后销往广东珠海等地进行培育与养殖。我国每年出口海鲈 3 万吨左右，主要出口到日本、韩国、新加坡以及欧洲等一些国家和地区，其中对日本和韩国的出口量占总出口比例的 80% 以上。我国黄渤海海鲈种质资源优良，深受日本和韩国企业欢迎，据不完全统计，两国每年从我国进口海鲈苗种约 2 000 万尾。

四、海鲈产业发展面临的问题与解决对策

（一）产业发展面临的问题分析

从产业的源头——种质资源来看，黄渤海为海鲈种质资源最好的海域，但目前野生海鲈亲鱼种群数量年际波动较大，亲鱼繁殖性能降低，野生苗种数量减少，同时缺乏大型苗种繁育企业整

合零散市场，严重影响了"南北接力"繁育与养殖模式的运行。

浙江地区海鲈繁殖群体多为珠海人工养殖的成鱼，虽然其祖先是黄渤海群体，但由于缺乏科学选育，累代繁殖后生长性状退化已经显现，很多亲鱼连续多年使用，繁殖性能和配子质量均不能满足高产需要，一旦营养、环境等因素发生异常变化，必然影响苗种生产数量与质量。仅就 2018—2019 年海鲈苗种生产出现的问题而言，数量上，2019 年 1—5 月广东珠海海鲈主养区苗种供应量缺口约为 2.0 亿尾（全长为 2.0～3.0 厘米），与往年相比，苗种数量减少 45% 左右，严重影响了该年度海鲈养殖生产安排，对该地海鲈产业的可持续发展影响深远；质量上，海鲈苗种规格参差不齐，成活率差别较大，北方海区和南方海区海鲈群体混杂，质量难以达到要求；价格上，海鲈苗种价格居高不下，2019 年 3 月珠海地区海鲈苗种价格为 1.5～2.0 元/尾（往年同等规格海鲈价格为 0.2～0.3 元/尾）而且供不应求，甚至出现"无苗可买"的状况。究其原因，主要有以下两个方面：

一是繁殖期内水温变化异常，2018 年 10 月我国海区温度居高不下，比往年同期水温高出 3～5 ℃，受温度影响此时海鲈亲鱼性腺尚未发育成熟，但海鲈苗种生产企业并没有根据水温变化进行催产调整，而是采取注射激素强行进行多次人工催产获取受精卵的方式，导致受精率和孵化率均较低。例如福建漳州的诏安、漳浦是海鲈受精卵孵化和仔、稚鱼培育的主要地区，该地区由于水温相比往年偏高，致使苗种早期成活率不足 50%，而且培育出的鱼苗体质也偏差。

二是在市场利益的驱动下，从事海鲈繁育的养殖户为抢抓第一批苗，每年尽量提早繁殖，以获得较好的供应量和市场价格，导致海鲈苗种生产启动过早。这种做法在浙江宁波附近的繁育场（我国海鲈受精卵的主要供应地）比较常见，盲目追求市场利益给产业健康发展带来隐患。

从产业中下游环节发展现状来看，近 20 年来，海鲈养殖技术得到迅猛发展，但是产品流通与加工仍然处于低水平状态。目前，海鲈产品以冰鲜和鲜活品销售为主，特别是珠海主产区的海鲈主要以冰鲜形式销往山东等省份的一些大中城市，市场地域分散。从事海鲈产品运销的企业多数为一些私营企业，规模都比较小，难以通过规模效益来降低运销环节成本。海鲈的产品加工还处于技术探索阶段，从事相关加工生产的企业数量不多，仅广东珠海和福建福鼎地区有一些加工企业，但是市场覆盖率较低，大部分产品的知名度不够。大部分养殖企业无法将海鲈鲜活产品形式转化为易于贮存、运输的加工品，限制了市场流通半径，也限制了产品附加值的提高，难以提高综合效益。海鲈养殖环节的生产力水平与其流通加工水平不协调，成为限制产业价值链延伸的瓶颈问题。此外，海鲈产品的市场营销、品牌创建还有待进一步加强。我国幅员辽阔，人口众多，海产品市场空间极大，尤其是内陆市场，而海鲈这一优质海水鱼的市场推广、科普宣传、品牌营销尚显不足，市场的发展也缺乏以信息研究为基础的科学指导。

（二）对策及建议

综上所述，现阶段海鲈产业面临两个突出问题，一个是种质资源与苗种供应问题，另一个是产品的流通与加工问题，亟待产、学、研一体化合作来解决。因此，今后海鲈产业应在着力解决海水鱼产业存在的共性问题（如养殖技术、疾病防控等）的基础上，重点解决上述两个问题。建议从以下几个方面发力，以推动海鲈产业的绿色、健康和可持续发展。

1. 加强基础研究，推进新品种培育进程

建议国家和地方增加科技经费投入，加强海鲈生殖调控与遗传育种理论与技术研发，优化海鲈人工繁殖与苗种培育技术，确保海鲈苗种成活率、品种抗逆性和肌肉品质显著提升，为养殖环节提供优质、稳定的苗种来源。

2. 充分发挥协会与合作组织功能，合力进行产业技术创新

以养殖为中心的海鲈产业升级须转型为养殖与加工并举的产业，进而延伸产业链发展，这需要进行一系列的技术创新，主要包

括：按不同发育阶段营养需求设计专用饲料，合理控制饲料成本；减量化、规范化使用渔药技术，建立以预防为主的管理体系和措施；运输设备与技术的规范化和标准化；降低产品的加工成本；深加工、精加工产品开发及副产品综合利用；养殖与加工的衔接等。海鲈产业的空间布局及结构特征决定了其需要通过全国性协会来组织协调各方力量，围绕上述技术问题，在深度和广度上加强合作，方能为产业绿色、健康和可持续发展提供重要保障。

3. 优化产品供给模式，着力发展深远海养殖

通过养殖品种的调整或养殖时间规划，与内陆淡水养殖优良品种进行混养，提高海鲈活鱼上市比例，维持相对稳定的养殖量或按需调整上市时间，保证市场合理流通量，以实现较高的养殖利润。此外，随着海鲈苗种、养殖模式、饲料、流通等关键环节逐步完善，结合海鲈品种特点以及当前深远海网箱等养殖工程装备和技术发展优势，开拓海鲈深远海养殖的发展空间，实现海鲈养殖的规模化、集约化、机械化、智能化，推动海鲈产业的进一步发展壮大。

4. 着力推进流通与加工，开拓新的产品市场

目前海鲈养殖已经扩展到南方和北方的沿海和内陆省份，与之配套的产业遍及全国，乃至世界范围，形成了一个以养殖为主体的海鲈产业，但是市场覆盖率与物流途径仍然不能满足消费需求，均需进一步扩大。有必要整合集体力量在流通、加工方面着力，形成一个以市场为导向，养殖、加工并举的海鲈产业。重点突破以鲜活方式销售为主的传统模式，打开内陆省份的巨大潜在市场，促进产业的可持续发展。

5. 建立北部海区大型海鲈苗种繁育基地，因地制宜解决配套技术

北部海区海鲈种质资源优良，北方海区由于海鲈苗种越冬培育成本高，受珠海淡水养殖海鲈价格打压，北方海鲈成鱼养殖成本偏高，成鱼养殖产量逐渐降低，苗种生产长期以来以浙江宁波地区的海鲈繁育企业占主导优势。近年来随着北部海区抗风浪网箱的发展及内陆地区对海鲈需求量的增加，加之物流成本降低，海鲈消费市

场规模日益扩大，给北方海鲈养殖发展带来了良好契机。结合北方海区优质海鲈种质资源的优势，依托大型集团公司，建立黄渤海海区大型苗种繁育基地，建设海上鱼类网箱养殖设施、苗种培育车间等，解决北方海鲈亲鱼培育、人工繁育与生殖调控、受精卵孵化与规模化生产关键技术是进一步壮大海鲈产业的途径。通过储备优质北方海鲈亲鱼，供应优质受精卵和苗种，可为产业中、后端提供基础保障，进一步优化产业布局结构。

海鲈产业发展急需解决问题的对策见图1-3。

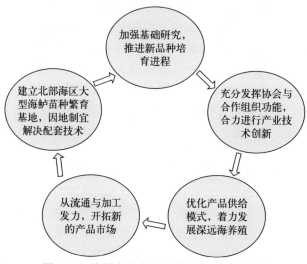

图1-3 海鲈产业发展急需解决问题的对策

第三节　从养殖场到餐桌的"科技护航"

2018年海鲈（主要是花鲈）位居海水鱼类养殖产量第二位，已成为水产养殖支柱产业，在保障优质动物蛋白供给、促进渔业产业兴旺及渔民生活富裕、出口创汇等方面做出了突出贡献。目前，我国大力发展深远海养殖产业，海鲈作为重要的候选品种更是受到极大关注。随着海鲈市场需求不断扩大，支撑产业发展的关键技术、配套体系、组织机制等已经基本建立并在不断完善和优化中。在国家海水鱼产业技术体系的技术支撑和全国性协会的组织协调下，海鲈的人工繁殖、苗种培育、商品鱼养成、产品深加工等产业环节得以进一步完善，产业的空间布局和运作模式将会进一步优化，产业发展前景极为广阔。

水产养殖是全球增长最快的食品生产部门，水产品是全球人类食物蛋白质的第三大来源。我国水产养殖业在保障食物安全方面做出了突出贡献，将越来越多新鲜、优质、安全的水产品送到人们的餐桌，这背后是水产科技体系的强大基础支撑。一条鱼的背后，从鱼苗、鱼种、成鱼到各种加工鱼产品，生产线上的每个环节都有官、产、学、研——渔业管理部门、基础科研人员、一线养殖技术人员、技术推广部门等组成的"隐形的团队"，为优质安全的水产品"护航"。笔者就从"科技护航"视角讲述一条海鲈背后的科研"故事"。

一、优质苗种繁育科研——从源头上改良海鲈品种

从生产环节来看，苗种是水产养殖的源头，在很大程度上决定了后期养殖过程中鱼的生长速度、能否有较强的抗病力和抗逆性，等等。对于海鲈来说，苗种尤为重要，体现在我国北方海鲈苗种供应不足。就苗种繁育而言，目前国家海水鱼产业技术体系设有海鲈种质资源与品种改良岗位科学家，理论结合产业，从基因到表型，从微观到宏观，围绕海鲈全人工繁育技术模式，研究海鲈亲鱼驯养、人工繁殖、苗种培育技术等（图1-4），一方面对海鲈的种质改良进行科技攻关，另一方面积累鱼类苗种繁育的共性基础研究成果。海鲈新品种培育的工作主要包括育种基础群体的来源与构建、育种技术路线、育种过程、性状特征与测试结果、遗传评价等内容。

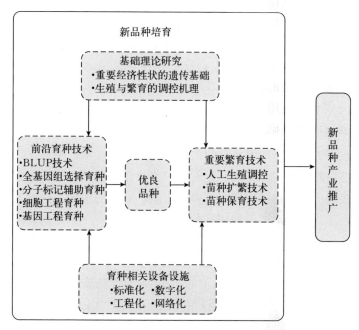

图 1-4　海鲈新品种培育技术路线图

二、养殖技术优化研究——中间环节提高海鲈品质

1. 营养饲料（让鱼儿吃得更好）

与人类一样，鱼类的生长和健康等与食物的营养紧密相关。为了使海鲈吃得更好，一方面使其生长得更快、更好，另一方面使其拥有更佳的肉质和更丰富的营养成分，许多科研人员致力于研究海鲈的营养需求与饲料研究，国家海水鱼产业技术体系专门设立了海鲈营养需求与饲料岗位科学家。此外，基于保护生态环境的目的，研发人工配合饲料替代冰鲜鱼、野杂鱼也是科研人员的重要任务之一（图 1-5）。不同的饲料，能在海鲈体内调节各个细胞和器官功能，维持其机体的平稳生长，各种饲料成分不同，对海鲈的生长也有不同影响，优良的营养饲料对于海鲈产业

规模扩大、养殖模式升级具有重要作用。目前，营养与饲料方面的专家已针对海鲈的氨基酸、脂类、多糖类、矿物质、维生素以及功能性饲料产品展开了细致的研究，精准化掌握海鲈的饲料营养需求，旨在为海鲈"精准定制"营养合理、满足其生长需要、能产出更好肉质的饲料，减少物质投入，避免水质污染。海鲈是当前海水鱼中应用人工饲料最好的鱼类，为推动海鲈养殖产业持续发展奠定了基础。

图 1-5 海鲈全价颗粒饲料

2. 养殖管理（让鱼儿住得更舒适）

养殖管理就是在养殖环节"照顾"好海鲈，为海鲈提供优质的生长环境。鱼类的生活状态与水质环境密切相关，水质各项指标包括溶解氧、温度、pH、碱度、盐度、氨氮含量等。为使海鲈生长处于最优状态，科研人员围绕单因子、多因子开展了海鲈养殖环境参数的研究，例如针对海鲈不同盐度下的生长状况研究等。花鲈是广盐性鱼类，抗逆性较强，在不同温度、盐度、碱度地区具有极大的推广养殖潜力，但是在实际生产中，推广到不同的盐碱水地区仍然需要因地制宜地优化养殖管理条件，才能使其更好地生长、繁殖，达到高效、绿色生产的目的。目前国内许多地区在海鲈的推广养殖方面进行了大量试验，例如内蒙古、黑龙江等内陆盐碱水域就在开展海鲈的养殖试验,以期丰富当地水产养殖品种(图1-6),优化产业结构,丰富当地人们的"菜篮子"。

图1-6 内蒙古盐碱水域养殖海鲈

三、养殖模式升级研究——更好地养殖更多的优质海鲈

随着我国水产行业的不断发展,水产养殖的模式也开始大步向技术时代、科技时代迈进,海鲈的养殖也不例外。当今,基于技术、可持续发展、生态等元素的养殖新模式不断产生,在助推水产行业转型升级方面具有重要意义。目前我国海鲈养殖模式主要有两种,一种是网箱养殖,另一种是池塘养殖。海鲈作为一种适应性极强的优质养殖鱼类,不仅可推广养殖的区域范围广,而且其可适应的养殖模式也非常多,深水抗风浪网箱养殖、集装箱养殖、循环水养殖等模式都可以应用于其养殖,目前已有科研单位和企业开展此方面的研究试验。以深水抗风浪网箱为例(图1-7),该模式具有增加单位产量、提高产品品质的优势,能够拓展水产养殖空间,增加海鲈的产量和规模,而且海鲈在更加开阔的空间生长,其肉质更加紧实、口感更加爽滑。

图1-7　海鲈深水抗风浪网箱养殖

四、流通与加工——让更多的人吃到美味的海鲈

海鲈以其肉质细嫩、口感鲜美、营养丰富，成为大众喜爱的餐桌美食，2018年海鲈养殖总产量已超过16万吨，位居海水鱼产量第二位。如此庞大的产业体系，高科技含量的加工环节的重要性不言而喻。一方面，海鲈产量如此之高，消费范围遍布全国，除了鲜销食用外，更需要加工来延长保质期、保鲜期，从而扩大其市场辐射半径、拓宽其销售渠道，让更多的人吃到美味的花鲈；另一方面，高科技的加工技术还可以提供形式多样、方便即食的海鲈食品，满足现代都市消费对"吃"的快捷、风味、营养、安全的需求（图1-8）。目前海鲈的保鲜技术包括低温保鲜、气调保鲜、微冻保鲜、生物保鲜、超高压保鲜、超低温冷冻等，发展技术较为成熟。国家海水鱼产业技术体系专门设有鱼品加工岗位科学家，针对鱼类保鲜和加工开展研究，旨在保证营养物质不流失的情况下，延长海鲈保质期，使海鲈的产品价值更高，延长产业链；并根据消费者需求，提供种类丰富的鲈鱼半烹饪食品（预调制食品加工技术）、调味食品、鱼糜制品、低盐腌鱼制品，以及调味即食海鲈、鱼脯、鱼松、鱼奶片等休闲食品。此外，海鲈加工的副产物综合利用也是

重要的研发方向，科研人员针对鱼油加工、鱼骨加工、活性肽提取等进行探索，以期实现"零废弃"全利用的高值化加工，更加全面综合地发掘海鲈的价值。

图 1-8　海鲈休闲食品

五、协会、联盟助力全产业联动——全方位把控海鲈品质

随着海鲈产业的发展壮大，已形成包括苗种、养殖、饲料供应、综合加工、物流仓储、出口贸易等在内的完善产业链，涉及生产、物流集散、技术开发等多方面重要内容。产业的健康和可持续发展需要产业链各个环节的通力合作与配合。而海鲈产业链环节涉及主体众多且分散，既有广大的养殖户，也有企业、科研单位、地方政府等，需要协会、联盟构建起各方主体沟通交流的桥梁，促进全产业联动，才能更好地确保绿色生产、市场有序，全方位把控和提高海鲈的品质。协会和联盟等组织的成立，能够搭建起各方交流平台，有利于产业文化传承和品牌建设，促进官、产、学、研的密切合作，为产业发展提供技术支撑和优良的外部环境，共同围绕产业发展存在的问题开展攻关和协作，有助于将产业进一步做大、做强、做优，对于区域经济发展亦具有巨大的推动作用。2018 年 12 月，全国性协会——中国水产流通与加工协会海鲈分会成立，为海

鲈产业绿色、健康和可持续发展建立了更加有效的组织协调机制（彩图 23）。同时，海鲈主产区也成立了地方性的联盟或者协会，对于进一步优化海鲈的产业发展具有重要作用。

第四节 海鲈文化和品牌

一、历史文献中记载的鲈鱼种类

我国的古文典籍中有许多关于鲈鱼的记载，包括医学药典、古文传记和诗词歌赋等，但其中多有混淆不清之处，特别是通过俗称和地域分布来简单地判断是哪一种鲈鱼是十分不准确的。现代信息发达，不同地方对不同鱼类的俗称尚且有不少相互混淆的例子，更何况信息闭塞的古代。根据古文对鲈鱼的描述，可以推断古文记载中的鲈鱼至少应该是两种，一种是花鲈（*Lateolabrax maculatus*），属于鲈形目、鮨科、花鲈属；另外一种是松江鲈（*Trachidermus fasciatus*），属于鲉形目、杜父鱼科、松江鲈鱼属。

这两种鱼在自然分布地域上有重合，繁殖季节基本一致，食材特点都是肉白少刺，味道鲜美，在称呼上均有鲈鱼、四鳃鲈的记载。花鲈在我国南北海域及近岸河口区均有分布；而松江鲈在我国近岸河口区均有分布，其中最大的种群分布在鸭绿江，只是在松江最有名而已。松江鲈在菲律宾、日本和朝鲜半岛都有分布，有报道称松江鲈在现代科学意义上的第一个标本（模式标本）是在菲律宾采到的。

花鲈与松江鲈在成体的体形以及体色方面差异巨大。花鲈 1 龄成体体重在 500 克以上，3 龄以上成体体重可超过 3 千克，体长数十厘米，体色背部青灰，腹部白底，有黑色斑点，体形侧扁；松江鲈成体最大体重不超过 200 克，体长仅十余厘米，体色黑褐色，有黑色斑点，体形平扁。因此，要判断古文中鲈鱼种类，通过体形和体色描述来判断才是最准确的。

"白质黑章"的描述可以肯定是花鲈体色无疑；而"色黄黑有斑"是对松江鲈体色十分准确的描述。但在鲈鱼的别称中记载有四鳃鱼。这与近代松江鲈最广泛的四鳃鲈的俗称是一致的。首先，仅从鱼名的称呼上，例如四鳃鲈，不能够判定记录的鲈鱼是花鲈还是松江鲈。因为花鲈的鳃盖上也有两层褶皱，四鳃的描述也无不可。其次，关于鱼体长的描述，花鲈在4—5月的幼鱼，体长正好和松江鲈成体差不多，因此鱼体长的描述如是形容小鱼体长也无法准确判读是哪一种鲈鱼，除非体长的描述属于大型鱼类，则可确定是花鲈。再者，在地名上，松江鲈的地域描述也过于模糊，现代称呼的"松江鲈"和古代称呼的"松江鲈"可能涵盖范围也不同。

近代江浙地区的渔民对四鳃鲈的描述也反映出民间对于鲈鱼分类的混淆情况，四鳃鲈在灌河、松江两地都有出产，由于传统文化的影响，松江鲈要比灌河鲈名气大得多。松江产的不如灌河产的个头大，"灌河四鳃鲈"体重多为1.5～2.5千克，大的可达十几千克，此鱼体呈青灰色，两侧和背鳍上有黑色斑点，实际上也只有两个鳃，只是每个鳃盖上又多了一条较深的褶皱，外观似四鳃，故称"四鳃鲈"，但从体长和体色判断应该是花鲈，不是现代广为传播的四鳃鲈——松江鲈。

近代尚且对四鳃鲈的称呼如此混乱，那古文中的鲈鱼记载则值得仔细辨别。

现代的生鱼片吃法，古称鱼脍或鱼鲙，即以新鲜的鱼生切成片，蘸调味料食用。此法起源于中国，后传至日本、朝鲜半岛等地。关于鲈鱼脍最著名的古代记载当属《世说新语·识鉴》中西晋张翰"莼鲈之思"的典故。张翰有《秋风歌》证之："秋风起兮，佳景时。吴江水兮，鲈正肥。"这段广为人知的因鱼辞官的典故，除了对鲈鱼地域的记载，还有对名菜"鲈鱼脍"的描述。从古文中对于"鲈鱼脍"的记载来看，对鱼体长的描述——"收鲈鱼三尺以下者作干鲙"，以及对鱼体色的描述——"莼菜碧鲈"和"碧鲈东脍"（皆有"碧"字），可断定古文中的"鲈鱼脍"必定是体型大、背部颜色青色的花鲈，而不是体型较小、体色黄褐色的松江鲈。故张翰"莼鲈之思"的典故中提到的鲈应该指的是花鲈。现在花鲈在珠三角地区还有鱼生的吃法，而松江鲈只见做汤、羹或者红烧，未见鱼生吃法，其体型较小不适合制作鱼生。很多人将历史典故中的鲈鱼或四鳃鲈的种类都认为是现代松江鲈的种类，这显然是不对的。至少很大一部分古文记载中的鲈鱼都是指的花鲈，特别是考虑到古代的物质生活水平，古人将现代普通百姓视为餐桌常物的花鲈当作名品珍馐来赞美符合当时的生产条件。

二、鲈鱼品牌与鲈鱼文化节

1. 珠海斗门的"白蕉海鲈"

1999 年开始，广东珠海斗门池塘养殖海鲈模式取得突破性进展，至今养殖产量与单产水平均为全国第一。2009 年珠海市斗门区"白蕉海鲈"获"国家地理标志"产品称号（图 1-9），2011 年中国水产流通与加工协会授予白蕉镇"中国海鲈之乡"荣誉称号，2017 年，作为白蕉海鲈主产区的斗门区获批为首批"中国特色农

图 1-9　珠海"白蕉海鲈"地理标志

产品优势区"。2017 年，珠海市斗门区海鲈养殖面积近 2.0 万亩，从业农户 1 600 多户，加工厂 6 家，初步形成了涵盖生产、加工、销售的产业链。斗门区海鲈上市总产量近 10 万吨，产值近 20 亿元，是国内最主要的海鲈产区，产量超过全国总产量的 50%。2017 年海鲈深加工产品出口呈井喷式增长，出口额达 1.2 亿美元。

2. 福建福鼎的"桐江鲈鱼"

2010 年中国渔业协会授予福鼎市"中国鲈鱼之乡"称号，同年"桐江鲈鱼"获得农产品地理标志认证，2014 年国家商标局授予"桐江鲈鱼"商标注册证，2017 年"桐江鲈鱼"被列入首批"中欧地理标志互认保护公示清单"，2018 年"桐江鲈鱼"作为金砖国家领导人厦门会晤专供鲈鱼。福鼎拥有国家海水鱼产业技术体系漳州综合试验站、农业部福鼎花鲈养殖示范场、中国农业科技协会福建福鼎鲈鱼养殖专业技术交流中心、福建省闽威花鲈加工企业工程技术研究中心、福建省花鲈育种重点实验室等科研平台，为"桐江鲈鱼"的稳定发展提供技术依托。

在鲈鱼品牌建设上，福鼎建有中国第一座以鲈鱼为主题的中国鲈鱼文化博物馆，并成功举办了五届中国鲈鱼文化节：2011 年举办了中国首届鲈鱼文化节，其后每 2 年举办一次，2018 年举办了第五届中国鲈鱼文化节（彩图 24）。

3. 山东东营的"利津鲈鱼"

依托中国海洋大学技术优势，2018 年利津县双瀛水产苗种有限责任公司获得省级花鲈良种场认证，2015 年获得"利北花鲈"商标，2018 年"利津鲈鱼"获得"国家地理标志"产品称号（图 1-10）。

图 1-10 "利北花鲈"商标

三、中国鲈鱼文化博物馆

桐江自古以来就盛产鲈鱼。鲈鱼之美，天下皆知，千年岁月，无数文人墨客赋诗题词，以寄鲈鱼情思。2012年5月，福建闽威实业股份有限公司建成中国第一座鲈鱼文化博物馆，总面积超过1 000米^2，共设有七大主题展区，包括鲈鱼概况展区、渔事天地展区、叙鱼以文展区、院士风采展区、现代工艺展区、闽威渔事展区、产品展示展区（彩图25）。它不仅是中国鲈鱼文化的展示，也是现代加工企业的缩影。馆中收藏了从远古时期到当代的各种捕鱼工具和船模，充分展示了从古至今渔业的发展，体现了人们捕鱼方式的演变、技术的交融和传承。中国鲈鱼文化博物馆不仅是中国第一家专门展示鲈鱼生产演变过程的博物馆，也是第一座面向群众普及教育鲈鱼文化知识的基地。它是展示中心、资料中心，同时也是消费者了解和学习鲈鱼文化的科普基地（彩图26）。博物馆自建立以来就充分发挥普及海洋知识、海洋文化并弘扬海洋精神的作用，多次获得各界人士赞誉，先后被授予"中国海洋意识教育基地""新时代宁德市百个社科普及基地""福鼎市社会科协普及基地"等荣誉称号。

第二章 识别海鲈

一、形形色色的"鲈鱼"

海鲈（花鲈）体形较长，左右侧扁，头前部较尖。两个中等大小的眼睛位于头的侧上方。下颌长于上颌，而且口裂倾斜，形成一较大的口。口内绒毛状齿带上分布有细小的牙齿。鳃孔较大，前鳃盖骨后缘具有较细的锯齿，后下角有 2～5 枚粗短的硬棘，鳃盖骨后缘具 2 枚扁棘。鳃耙较扁长，排列较疏松。背鳍分为前后两部分，相连部为深凹，一般前部有 12 枚棘，后部常有 1 枚棘后连12～13 枚鳍条；臀鳍为 3 枚棘后连 7～9 枚鳍条；胸鳍较短，位较低，有 14～18 枚鳍条；腹鳍位于胸鳍基部下方；尾鳍呈较浅的叉形（彩图 27）。

我国常见的鱼类中，被称为"鲈鱼"的鱼，并不仅仅是指花鲈。鱼类分类学上，被称为"鲈鱼"的鱼种类繁多，且许多种类之间的亲缘关系也较远。有的具有较大的经济价值，并形成了一定的养殖规模，但大多数无经济价值。为了使读者有直观的认识，在此列举部分代表种类，供读者参考。

被古人赞美较多的一种鲈鱼，名叫松江鲈（*Trachidermus fasciatus*），它是与花鲈亲缘关系最远的一种鲈鱼，属于鲉形目、杜父鱼科。在生殖季节，其成鱼头两侧鳃盖膜上会出现两条橘红

色的斜带，看上去像四片鳃外露，故松江鲈又有"四鳃鲈"之
称。该鱼个体较小，体长一般只有 12～14 厘米，名气却极大，
是我国四大淡水名鱼之一，为
国务院 1988 年公布的我国野
生动物重点保护二级水生动
物。松江鲈分布于我国福建省
以北至鸭绿江口各江河入海
口，尤其以上海松江最为著
名，故名松江鲈（图 2-1）。

图 2-1　松江鲈外部形态图

　　广温广盐性的花鲈属于鲈形目、鮨科，该科被称为"鲈鱼"的
种类众多。花鲈属于常鲈亚科，但同亚科而不同种的长鲈却和花鲈
有着较大的差异；具同等分类地位的黄鲈亚科的尖牙鲈有着另样的
形态特征（图 2-2）。

长鲈

尖牙鲈

图 2-2　长鲈与尖牙鲈外部形态图

　　特别值得一提的是鮨科中的石斑鱼亚科，该亚科中的大多数种
类都具极高的经济价值，如大家所熟知的石斑鱼，但这一家族有相
当多数量的种类是各种各样的"鲈鱼"，如鳃棘鲈、侧牙鲈、九棘
鲈、驼背鲈等（图 2-3）。

　　与鮨科具有同等地位的短棘银鲈（银鲈科）属于小型鱼类，经
济价值不高；经济价值较高的斜带髭鲷（*Hapalogenys nitens*）属
于石鲈科，尖吻鲈（*Lates calcarifer*）则属于尖吻鲈科，都被开发
为养殖鱼类；仅产于新疆某些淡水流域的河鲈、梭鲈等属于鲈科
（图 2-4）。

图 2-3 被称为石斑鱼的"鲈鱼"外部形态图

图 2-4 与鮨科同等地位的"鲈鱼"外部形态图

同样被称为"鲈鱼"的大口黑鲈（加州鲈）和欧洲舌齿鲈，分别属于太阳鱼科和梦鲈科，它们都是我国引进养殖的"鲈鱼"（图 2-5）。

图 2-5 引进养殖的"鲈鱼"外部形态图

二、几种增养殖"鲈鱼"的特征

除花鲈外，目前我国开展增养殖的"鲈鱼"主要种类有以下几种，其主要形态特征与分布见表 2 - 1。

表 2 - 1　增养殖种类的主要特征与分布表

名　称	特　征	分　布
尖吻鲈	背鳍Ⅶ～Ⅷ，Ⅰ - 11；臀鳍Ⅲ - 8；胸鳍18。体灰色，腹浅灰色，瞳孔红色	分布于我国南海和台湾岛周边海域，日本和歌山、宫崎海域以及印度-西太平洋暖温水域
大口黑鲈	背鳍Ⅸ，12～13；臀鳍Ⅲ - 10～12；腹鳍Ⅰ - 5。背部黑绿色，体侧青绿，眼部灰白色	分布于美国、加拿大和墨西哥沿海
欧洲舌齿鲈	背鳍Ⅷ～Ⅹ，Ⅰ - 12～13；臀鳍Ⅲ - 10～12。体背部呈银灰色至蓝色，两侧银色，腹部有时呈黄色	分布于北大西洋沿岸以及地中海西部海域

注：罗马数字表示鳍条硬棘数，阿拉伯数字表示软鳍条数。

第二节　花鲈的生活习性

花鲈的体形非常符合人们印象中"鱼"的标准，为此该鱼也成为分类学的代表种和解剖学的模式种。其一生和其他硬骨鱼类一样，要经历受精卵的胚胎发育、仔稚鱼期的器官发育、幼成鱼的快速生长、衰老、死亡等各个阶段（彩图28）。

一、分布与洄游

花鲈是我国沿海常见的经济鱼类，它是鮨科鱼类中最耐低温的种类，终年栖息于近海水域而无长距离洄游的习性，从而形成了多个地方生态种群。黄渤海区花鲈每年 2 月即出现于近岸内湾，盛夏的高温期退居于深水礁石海区，秋季即在该海区产卵，产后继续分散索饵，11—12 月才游往 20～50 米水深处越冬，幼鱼直至 12 月仍在近岸继续觅食，且其越冬区亦在水深较浅处。花鲈适温广，我国沿海从南到北均可见其存在；适盐性广，不仅生活于海水中，还可栖息于半咸水水域，甚至溯入淡水中生活。

二、食性

花鲈属肉食性鱼类，摄食强烈。其食物的种类很多，20 世纪 70 年代的调查表明，黄海北部的花鲈成鱼摄食以鱼类占绝对优势，主要有青鳞鱼、鲥（幼）、鳀、棱鳀、黄鲫、云鰶、银鲳（幼）、虾虎鱼等，其次还有枪乌贼、鹰爪虾、周氏新对虾、赤虾、褐虾、对虾、虾蛄、鼓虾等；90 年代的调查表明，花鲈摄食虽仍以鱼类和甲壳类为主，但头足类、单壳类和双壳类的占比则有较大幅度的上升（图 2-6）。这说明花鲈的摄食种类随着环境的变化而变化。幼鲈主要摄食小型鱼类、甲壳类等。花鲈的摄食强度以春秋季较高，但其饱满度等级多为Ⅰ～Ⅱ级，在其他季节空胃率甚高，一般都在 50% 以上。

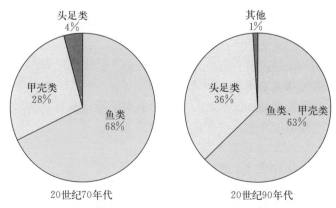

图 2-6 野生花鲈的饵料组成

三、生长

花鲈的寿命比较长，在不同年龄阶段的生长速度不同。在自然水域，1～3龄鱼体长平均每年可增长10厘米以上，生长于黄渤海区的花鲈，当年体长可达24～30厘米，体重达200～450克；7龄鱼进入衰老期，生长速度显著减慢。不同水域环境中的花鲈生长速度也有差别，如生长在长江口区的花鲈在5龄前比黄渤海区的生长速度慢，5龄后比黄渤海区的生长速度快。

在人工养殖条件下，花鲈生长速度更快，一般养殖280天，体重可达500克以上（最大个体可达1 000克）。在淡水池塘内混养的花鲈，由于食料丰富，两年内体重可达2 500克。在广西地区，体长4.0～8.0厘米的幼鱼，经两年饲养，体重可达5 090克。花鲈的生长与水温密切相关，当水温低于3℃时，基本不生长；当水温为22～27℃时，可快速生长。在花鲈的生命周期中，体长的生长以前3年为最快，平均每年增加6～10厘米，4～6龄鱼生长速度开始下降，到7龄以上显著减慢，其寿命约为10龄。

四、繁殖

花鲈雄性2龄、雌性3～4龄性成熟，随后作为产卵的补充群体，加入每年秋冬季的生殖活动。繁殖水域分布范围甚广，沿海10米等深线及其以内的近河口的海、淡水交汇处水域，都有花鲈的产卵场分布。其产卵期在北方为9—11月，在南方为11—12月，在北部湾甚至推迟到翌年的1—2月，主要由水温的降低趋势决定。产卵温度为18～20℃，产卵地点位于河口相邻海区的近岸相对高盐区。绝对怀卵量（1尾雌鱼卵巢中成熟卵粒的总数）为5万～230万粒，平均70万～80万粒（彩图29、彩图30）。花鲈是雌雄异体的鱼类，但有时也能见到雌雄同体的个体。

第三章
海鲈绿色高效养殖模式与技术

第一节　海鲈苗种培育技术

养殖海鲈的苗种来源过去以捞捕沿海自然苗为主。从 20 世纪 80 年代开始，我国就开始进行海鲈人工繁殖的研究，90 年代中期，人工育苗的生产技术日益成熟和完善。生产实践证明，人工繁育的苗种，其来源可靠、规格整齐、成活率高，而且所用亲本大都选择具有生长速度快、个体较大的黄渤海优良群体，其后代也具有生长速度快的优点。因此，目前所养殖海鲈的苗种主要依靠人工繁育。

一、亲鱼的培育

人工繁育所用亲鱼可以选用自然海区捕捞的性成熟亲鱼，也可用自然海区捕获的海鲈苗种，也可用由持有国家或省级苗种生产许可证的国家级或省级花鲈原（良）种场生产的苗种、经人工养殖培育而成的亲鱼。

（一）野生亲鱼培育

每年在花鲈繁殖季节（9—11 月），使用定置网具、钓钩、拖网等捕捞方式从渤海或黄海海区捕获已性成熟（性腺发育达 V 期）的亲鱼，现场采集成熟精、卵进行人工授精，将受精卵带回育苗场进行孵化。此法简单易行，但在产卵场规模较小、性成熟亲鱼较少的海区同时捕到合适的雌雄亲鱼有相当大的难度。

对于捕获的性腺尚未发育成熟（性腺发育未达Ⅴ期）的亲鱼需要进行人工驯养，经过营养强化培育或注射性激素促熟等措施，使性腺成熟。此法适用于非产卵期捕获已达性成熟年龄的成鱼。

对于捕获的尚未成熟的成鱼，可通过驯化养殖作为后备亲鱼。

1. 亲鱼运输

从捕捞地点运往繁殖基地的短途运输，以塑料袋或帆布桶盛水装鱼充氧的方式进行。在 10～15 ℃水温条件下，运输时间为 4 小时以内，每立方米水体可装运重量为 30～50 千克的亲鱼。如果路途较远，亲鱼数量较多，则采用专门的活鱼车进行运输，放鱼密度不宜太大，运输时间最好不超过 10 小时。从海上采捕的野生亲鱼，需要在渔船上暂养，渔船运输与陆路运输相结合，运输时间不宜太长，一次运输亲鱼数量不可太多。

2. 亲鱼驯化

海捕亲鱼运回繁育基地进行驯养，首先应考虑养殖用水的理化指标，应尽量与捕获亲鱼所处海区的水质保持一致。但在南方如珠三角地区，需要特别注意养殖用水的盐度问题，因当地大部分近海的盐度较低。如需要在低盐度条件下进行较长时间的驯养，则需要进行低盐度驯化，一般每天降低盐度 1～2，不会对亲

鱼造成不良影响。但到繁殖季节，由于海鲈需要在自然海水中繁育（盐度大于 25），所以，要进行升高盐度的驯化（图 3-1）。同样每天升高盐度 1～2 即可。

在捕捞和运输过程中，亲鱼会有不同程度的物理创伤。在驯养前，应进行药物治疗。海捕亲鱼初入养殖环境中，会有拒食现象，人工驯食是一项非常重要的工作。一般在其暂养几天后开始进行摄食驯化，投喂适口鲜杂鱼，反复投饵。有时混养部分养殖的海鲈可带动野生海鲈摄食，缩短驯食时间。驯养期间，水温不要超过 26 ℃，日换水量大于 50%。

图 3-1 野生海鲈亲鱼的暂养驯化

（二）人工培育亲鱼

人工培育亲鱼，即采用人工繁殖苗种或自然捕捞苗种，经 2～3 年以上的人工养成，然后选留体质好、生长快、个体大、无伤病的成鱼作为亲鱼。因已适应人工饲育环境，亲鱼可自然产卵。

1. 亲鱼的培育方式

（1）池塘培育 花鲈的池塘培育要视不同的养殖方式和放养规格，分别进行不同的生产管理。其主要工作如下：

① 池塘的清整与肥水：放养亲鱼前，池塘要清整，先排干水，然后清除池底表层的污物和淤泥，再灌入 1 米左右深的水，对池塘进行浸泡和冲刷；然后放干，再进水 10～20 厘米（对于带水的池塘，要尽量排出原水，使其不超过 20 厘米），按照每立方米水体用 50～60 克漂白粉或每公顷用 750 千克的生石灰进行消毒清池；2 天后灌水准备放鱼。

② 亲鱼放养：放养前要注意鱼池水质的状况，特别是消毒的池塘，要注意池水的毒性是否消失。具体方法是进行"试水鱼"的暂养试验，以确保万无一失。放养密度视亲鱼大小，大规格亲鱼一般每公顷放养 1 500 尾左右，小规格亲鱼放养 4 500～7 500 尾。

③ 水质管理：亲鱼入池后，初期投饵少，可少换水，随着投饵量的增加以及水温的升高，要加大换水量，特别在7—8月，要尽量多换水。总之，在此期间要保持溶解氧在5毫克/升以上，pH恒定。另外，水温、光照、盐度等环境因子也要适合亲鱼性腺发育的需要。

④ 投饵：一般投喂颗粒饲料，有时辅以配合冷冻杂鱼，其原则是既要保证饵料的质量，又要增强亲鱼的食欲。投饵量按多食多投、不食不投的原则，日投喂次数不能少于2次，每次投喂以亲鱼吃饱、不再摄食为止，尽量减少饵料的浪费。

（2）网箱培育 网箱培育是目前我国生产上采用的主要的海鲈亲鱼培育方式，其主要环节如下：

① 养殖海区的选择：选择潮流畅通，风浪较小的海区，水深一般应大于10米，水质符合渔业水质标准的要求。

② 放养网箱：网目为3～5厘米，规格为6米×6米×7米的钢架网箱（图3-2），放养密度5～10千克/米^3。

图3-2 海鲈亲鱼培育网箱

③ 饵料与投喂量：饵料种类为营养全面的专用亲鱼颗粒饵料。投饵量根据鱼的摄食情况而定。但在每次投喂时，必须掌握"少量

多次"的原则，拉长投喂时间，控制在饵料未下
沉至网箱底部即被鱼摄食为宜，否则会造成浪费。
夏季高温期要少投喂颗粒饲料或投喂少量新鲜的
杂鱼。

④ 日常管理：网箱于海水中，日夜受波浪、海流的冲击以及敌害生物的破坏，网衣和框架可能受损坏，加上附着生物的不断附着，影响网箱水流畅通。因此要定期进行安全检查并适时清洗、换网（彩图31）。

2. 亲鱼的管理

培育供催产用的优质性成熟亲鱼，是鱼类人工繁殖的首要任务，是整个人工繁殖过程的基础和前提。海鲈亲鱼培育要根据亲鱼的食性、不同季节摄食量的变化和性腺发育的特点进行合理的饲养。根据海鲈性腺发育节律，特别是在我国北方，可按照"冬保、春肥、夏育、秋繁"4个环节开展培育。

（1）冬保 产后的亲鱼，身体极度虚弱，此时正值寒冷的冬季，因此，使亲鱼越冬，保证它的存活，是冬季最主要的任务。亲鱼过冬在我国南方不成问题，但在北方，做好海鲈亲鱼的越冬至关重要，越冬一般采用室外下沉网箱和室内升温的方式。若用网箱越冬，应将网箱下沉，因为下层水温高，同时可抗风浪。但是最好采用室内升温的方式越冬，室内条件易于控制，将水温保持在6～8℃即可，在此条件下，亲鱼仍能少量摄食，有利于避免鱼体营养的过度消耗并保持较好的体质。亲鱼越冬密度不宜过大，以小于5千克/米³为宜。饵料应以少而精为原则，不宜投喂过多。冬季海鲈亲鱼的性腺处于Ⅱ期。

（2）春肥 花鲈亲鱼经过冬季的消耗，肥满度大大降低、体质虚弱，春季是其积累物质和能量的关键季节，因此需要在春季加强投喂和精心管理，使其身体得以迅速恢复和发育。此时最好在网箱中育肥，既有利于天然饵料的利用，又可减少换水量，降低成本。放养密度应以2～5千克/米³为宜。饵料以高蛋白为主，添加适量维生素等，使得亲鱼迅速补充和贮备物质，增强抗病力，以维持机体正常代谢并促进其性腺发育。此时亲鱼体质得到恢复，性腺得以发育，成熟系数已从 0.5 左右增加到 1.0 以上，卵巢发育期由Ⅱ期向Ⅲ期过渡，卵巢呈扁带状，到春末呈淡黄色，卵粒清晰可见。

（3）夏育　进入夏季，自然水域海鲈游至深水处避暑和觅食，身体继续积累物质和能量，性腺得以继续发育。但此时，培育亲鱼的水环境较差，水温较高、溶解氧较低，亲鱼不仅代谢消耗能量较高，而且食欲不振。若管理不好，不但亲鱼身体营养得不到正常补充，反而会出现体质下降，甚至可能导致生病和死亡，因此，夏季的管理非常重要。其间，应以投喂高蛋白和高脂肪的饵料为主，最好"少吃多餐"，开始少投、慢投，然后多投快投。摄食强度下降后，再少投、慢投，直至鱼不抢食为止。管理上既避免沉饵浪费、污染水质，又要尽量喂饱；同时要密切注意水质变化，做好疾病防治工作。若在网箱中培育亲鱼，要防止附着物阻碍网箱内外的水体交换。在正常情况下，亲鱼的性腺处于Ⅲ期，夏末初秋向Ⅳ期过渡。

（4）秋繁　秋季是亲鱼的繁殖季节，其性腺迅速发育，更需要强化产前的营养供给和管理。此时水温逐渐下降，亲鱼摄食量大大增加，尽量多投富含维生素 E 的饵料，经常观察亲鱼的摄食情况和体形的变化，随时准备人工催产。入秋后，亲鱼的性腺从Ⅲ期过渡到Ⅳ期，并迅速发育达到Ⅴ期。此时亲鱼性腺急剧增大，最后完全充满体腔，成熟系数平均达到 10 以上，即将产卵。由于海鲈为分批产卵鱼类，此时不必急于进行人工催产，因为一旦催产，亲鱼不再摄食，势必会影响下一批卵母细胞的进一步发育和成熟，急于催产将降低卵子的质量和亲鱼的利用率。

二、人工催产与授精

（一）亲鱼性腺发育程度判断

培育的亲鱼由于存在个体差异，其性腺发育程度不完全一致，因此需要通过控制光照、调节温度，选择合适的激素种类，并根据亲鱼性腺成熟程度，对亲鱼进行人工催产，随后，采取人工授精或自然产卵的方式，获得优质受精卵。实施人工催产时，首先应对所养亲鱼进行筛选，尽量使催产的同一批鱼性腺发育一致。

正确选择成熟的亲鱼是保证催产成功的关键。目前尚无比较理想的方法，一般只是根据鱼体外形，结合培育情况和生殖季节等综合因素来选择。

海鲈的繁殖季节，在自然条件下，北方一般为 9—11 月，南方为 11 月至翌年 1 月，在北部湾甚至推迟到翌年 2 月产卵。由于雄鱼具有先于雌鱼成熟的特点，生产中比较容易通过挤精液来判断雄性亲鱼的成熟程度，这为我们间接判断雌性亲鱼提供了依据。

雌性亲鱼性腺发育程度可根据其外部形态判断，成熟度较好的雌性亲鱼，其腹部比较膨大、松软而富有弹性，生殖孔略突出（图 3-3）。若卵巢外观轮廓明显，生殖孔红润，说明亲鱼已达较理想的成熟状态。

图 3-3　海鲈亲鱼成熟度检查

另外，还可用挖卵器直接取卵检查。用挖卵器准确插入生殖孔内，挖取少量卵粒进行观察，根据卵粒的大小来确定是否可以进行亲鱼的促熟催产。一般情况下，卵粒呈米黄色或橘黄色，卵径达0.6 毫米以上时，促熟催产才能达到理想的效果。但挖卵的方法必须由专业人员操作，否则容易造成亲鱼受伤而死亡。

（二）人工催产

1. 催产药物

有关海鲈促熟催产所用激素的种类，目前还没有统一的规范。实际生产中主要使用的催产激素有促黄体素释放激素类似物（LRH‐A）、注射用促黄体素释放激素 A_2（LHRH‐A_2）、注射用促黄体素释放激素 A_3（LHRH‐A_3）、注射用绒促性素（HCG）（图 3‐4）、地欧酮（DOM）等。

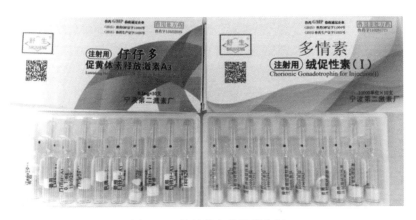

图 3‐4 海鲈催产常用催产剂

2. 注射剂量

亲鱼注射促熟催产激素的剂量要依亲鱼的成熟情况而定。对成熟较差的亲鱼可采用二次注射或多次注射，使性腺逐步发育成熟。注射的剂量按亲鱼体重计算，每千克雌鱼体重注射的参考剂量为：800～1 000国际单位HCG＋5～10 微克 LHRH‐A_2（或LHRH‐A_3）；或者 200～300 微克 LRH‐A＋6～10 毫克 DOM。

催产剂可用生理盐水溶解，配成一定浓度的注射液（图 3‐5），其浓度最好根据亲鱼大小而定，一般每尾亲鱼注射液不超过 1 毫升。通常采用背部肌肉或腹腔注射，当亲鱼性腺发育良好、完全达到Ⅳ期末时，一次注射即可；也可分两次注射，第一次注射全量的

1/3，第二次注射全量的 2/3，两次给药间隔 24～36 小时，间隔时间视亲鱼性腺成熟度而定。未达到Ⅳ期末的亲鱼，经多次注射促进性腺发育成熟。雄鱼剂量减半或不注射。

图 3-5　配制海鲈催产注射液

（三）人工授精

亲鱼注射催产剂后，应及时检查卵子和精子的发育状态，准确掌握人工授精时间，这是提高受精率的关键。雄性亲鱼一般成熟较好，轻挤腹部，即有大量乳白色精液流出，遇水即分散。但雌性亲鱼应随时注意其活动情况及外形变化，当雌鱼游动减少，雄鱼有主动尾随行为，并且雌鱼腹部明显胀大、下腹向两边扩展时，表明排卵已近开始，此时最好挤卵检查。当挤出的卵子大部分圆润、饱满、透明时，即可进行人工授精。

准确判断亲鱼发情排卵时刻相当重要，如果对发情判断不准，采卵不及时，将直接影响受精率和孵化率。过早采卵，亲鱼卵子未达生理成熟；过迟采卵，亲鱼已把卵产出体外，或排卵滞留时间过长，卵子过熟，均影响受精率和孵化率。

将临产亲鱼捞起放入鱼布夹中，用干净毛巾吸去体表水分，从前向后缓缓推挤腹部，将成熟卵挤入光滑容器内（图3-6），然后尽快加入精液，用羽毛或手均匀搅动1分钟左右，再加少量干净海水轻轻搅拌，静置2~3分钟，再慢慢加入干净海水，继续搅动，使精子和卵子充分结合，5分钟后倒去混浊水，再用干净海水洗卵3~4次。最后将上浮卵计数并转入孵化器中孵化。

图3-6　海鲈人工授精

（四）自然产卵受精

为避免人工授精所造成的亲鱼损伤，以及减轻技术人员的劳动强度，在生产上大多采用自然产卵的方法获得受精卵（彩图32）。亲鱼注射催产剂后，雌雄个体按照1∶（1~2）的比例移入产卵池，保持流水刺激，放养密度为每立方米水体3~4千克。发情亲鱼高度兴奋后，常常见到雌鱼被几尾雄鱼紧紧追逐，雄鱼摩擦雌鱼腹部，甚至将雌鱼顶出水面。产卵、排精时，雌、雄鱼急速摆动身体，或腹部靠近，尾部弯曲，扭在一起。一般亲鱼发情后，要经过一段时间的产卵活动，才能完成产卵全过程。采用自然产卵受精方式时，应注意产卵池管理。必须有专人值班，观察亲鱼动态，并保持环境安静。还要在产卵池收卵槽上挂好收卵网箱，利用水流带动，将受精卵收集于收卵网箱中。及时检查收卵网箱，防止网箱中受精卵太多。如是网箱养殖的亲鱼，也可就近将亲鱼放入产卵网箱（养殖网箱中套60~80目筛绢网制作的内网）中（彩图33），让其自然产卵受精。待产卵结束后，用手抄网将受精卵捞出，清除杂物后，转入孵化器中孵化或直接出售。

三、受精卵运输与孵化

（一）判断鱼卵质量的几个指标

1. 上浮率

将捞出的卵装入盛有适量孵化用水的水桶或水盆中，轻微搅动，静置 5 分钟后，用软管虹吸出底部的下沉卵，然后用 80 目捞网迅速捞取上浮卵，称重并计算上浮率：

上浮率（％）＝上浮卵重量/（上浮卵重量＋下沉卵重量）×100％

2. 受精率

当胚胎发育进入原肠中期时，即可进行受精率的统计。从孵化器中用烧杯随机量取一定体积的卵，分别计数发育良好的卵（即受精卵）及胚胎萎缩等不正常的坏卵和发白的死卵，计算受精率：

受精率（％）＝受精卵数/总卵数×100％

3. 孵化率

受精卵孵化出仔鱼后，计数初孵仔鱼的数量，计算孵化率：

孵化率（％）＝孵出仔鱼数/受精卵数×100％

（二）受精卵运输

一般采用塑料袋运输受精卵，将塑料袋装入 1/3～1/2 总体积的过滤海水，按每升水 2 万～10 万粒的密度（视运输距离调整）放入受精卵，充入氧气，扎紧袋口（彩图 34）。运输途中要严格控制温度，其波动范围最好不超过 2 ℃，可在袋子周围放冰块。

（三）孵化水环境条件

1. 水温

海鲈受精卵孵化的最适水温为 15～18 ℃，水温为 13～22 ℃的范围内均可孵化。在适温范围内，受精卵的孵化时间随水温的升高而变短。例如在 18 ℃（盐度为 31）的情况下，受精卵需 56～68 小时全部孵化；在 15～17 ℃（盐度为 32）的条件下，约 80 小时全部孵化；在 12～14 ℃（盐度为 22）时，受精卵孵化约需 86 小时全部孵化。孵化期间要避免水温的剧烈变化，否则会影响孵化率。因此在我国北方地区，特别是在产卵后期（11 月以后），要采取升温措施，将育苗水温稳定在最适范围内；而在南方，多利用塑料薄膜加暖光灯的保温措施（可提高 3～5 ℃）升温。

2. 盐度

海鲈虽然适盐性较广，但胚胎发育阶段需要较高的盐度，其受精卵孵化适宜盐度范围为 25～30。有研究认为在盐度为 13～31 的条件下均能孵化出仔鱼；盐度低于 22 时，显著影响孵化率，畸形率增高；盐度为 10 时孵化率为 0。

3. pH

胚胎发育要求中性或碱性水环境，pH 在 7.5～8.0 时较为适宜。pH 长时间低于 7.0 或高于 8.5，都将影响受精卵的孵化和仔鱼的成活率。我国沿海的正常海水 pH 一般为 7.5～8.6，完全符合海鲈受精卵孵化的要求。

4. 溶解氧

受精卵的正常孵化要求海水的溶解氧在 5 毫克/升以上，一般孵化设施只要做到合理的气石布设就能达到这一要求。利用气石充气补充增氧，搅动水体还有使受精卵均匀分布的作用。其间还要通过换水和清污来保持溶解氧的稳定。

（四）孵化设施与孵化方法

海鲈受精卵孵化（设施）方法主要有孵化网箱、孵化桶以及育苗池直接孵化等。

1. 网箱孵化

孵化网箱一般用 60～80 目的筛绢做成 50 厘米×50 厘米×30 厘米或直径 50～60 厘米的网箱，放置在育苗车间的水泥池内，每个网箱可布卵 0.5 千克或按 100 万～150 万粒/米^3 的密度布卵。

箱内布设 1 个气石，充气量以网箱内受精卵均匀翻动为准。放置孵化网箱的水泥池容水量需达到孵化网箱水体的 10 倍以上；用砂滤水，每日换水 2 次或流水，换水量大于 200%；每天定时洗刷网壁，以防胚胎挂壁；应及时清除死卵，防止水质恶化。仔鱼孵出、卵膜溶解后，停气 2～3 分钟，待优质的初孵仔鱼上浮到水面后，快速将其转入到育苗池中进行培育。

2. 孵化桶孵化

将受精卵置于孵化桶中充气、流水孵化（图 3－7）。一般放卵密度为 100 万粒/米³；用砂滤水，换水量大于 200%；及时吸除死卵。但在珠三角河口区，因海水水源条件的限制，一般为一桶水一次性孵化一批受精卵，其间不换水，以节约海水用量、降低成本。根据孵化桶容积大小来确定放卵数量，放卵密度约为 1 千克/米³。

图 3－7　海鲈受精卵孵化桶（自制）

采取孵化桶孵化可以减小孵化设施占地空间，充分利用孵化水体，灵活调整孵化密度。但相对于其他孵化方法，需要专用的孵化桶，管理要求也较高。由于孵化桶中的放卵密度较大，孵化期间要确保充气稳定，充气量以受精卵均匀分布于水中、不形成死角为宜。大部分仔鱼出膜后，要及时转入育苗池。

如果没有室内育苗条件，也可以制作简易的孵化袋代替孵化桶或孵化网箱。孵化袋一般用防水布等材料制作，大小为 0.5～1.0 米³，放置在育苗池塘内，布卵密度控制在 30 万粒/米³ 以下。

3. 育苗池孵化

对于室内工厂化育苗车间，也可将受精卵直接放入育苗池中孵化（图3-8），放卵的密度为1万～2万粒/米³。视具体布卵密度调节育苗池的水交换条件、排污效果、水体大小、出苗规格以及管理水平等，灵活掌握。具体管理过程中，要注意换水、充气等，保持水质的稳定。

图3-8 海鲈受精卵育苗池直接孵化

（五）加强孵化期间管理

孵化用水必须清洁，孵化期间控制光照在1000勒克斯左右（图3-9），避免阳光直射。在仔鱼孵出之前，须吸取沉在底部的死卵。

图3-9 孵化池的光照调节

四、胚胎发育过程

海鲈的卵子为分离的球形浮性卵，卵膜较薄，光滑透明，具韧性。受精卵卵径为1.22～1.45毫米，油球1个，呈橘黄色。在水温11～16℃时，孵化时间为108～120小时。花鲈的胚胎发育速度与温度有密切关系，在14～18℃时孵化需96～108小时；而在水温18.0～21.2℃，盐度31～34的条件下，受精卵经50小时左右即破膜孵化（表3-1、图3-10）。

表3-1 海鲈胚胎发育过程

受精后时间 （小时：分钟）	水温（℃）	发育阶段
0	20.8	受精卵
1：15	20.8	2细胞
1：50	20.8	4细胞
2：15	20.8	8细胞
2：50	20.8	16细胞
3：55	20.8	64细胞
5：20	20.2	多细胞
11：50	18.5	囊胚期
16：30	18.0	原肠前期：胚环形成
18：20	19.0	原肠中期：1/2的卵黄内陷为囊胚层
21：10	19.6	原肠晚期：神经泡出现，卵黄内陷为原肠胚
23：00	20.2	胚胎形成
25：40	20.2	库氏泡及眼泡形成
35：40	18.0	开始有心跳
40：55	18.3	胚动期
50：40	21.0	开始破膜孵化

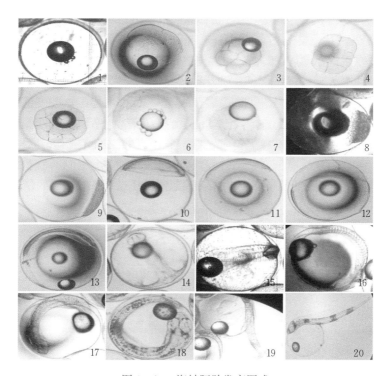

图 3 - 10　海鲈胚胎发育图式

1. 受精卵　2.2 细胞　3.4 细胞　4.8 细胞　5.16 细胞　6.32 细胞　7. 多细胞
8. 高囊胚期　9. 低囊胚期　10. 原肠前期　11. 原肠中期　12. 原肠晚期
13. 神经胚期　14. 眼囊形成期　15. 肌节形成期　16. 尾芽期
17. 心跳期　18. 出膜前期　19. 尾部出膜期　20. 初孵仔鱼

五、鱼苗培育

　　海鲈鱼苗培育分为室内工厂化育苗和室外池塘生态育苗。室外池塘生态育苗具有生物饵料丰富，鱼苗生长速度快、体质健壮，成本低、简单易行等特点，是大规模生产海鲈苗种、实现产业化的最佳选择。

（一）仔、稚鱼发育分期

在水温 15.0～16.0 ℃，盐度 21～29，pH 8.0～8.6的养殖环境条件下，海鲈仔鱼、稚鱼和幼鱼主要形态与习性特征如下。

1. 仔鱼发育

（1）前期仔鱼（图 3-11） 初孵仔鱼平均全长 4.00 毫米。头部较小，眼睛尚未出现黑色素，口未开；油球位于卵黄囊前端，表面有明显的枝状黑色素；鳍呈膜状，连在一起。初孵仔鱼游动能力弱，卵黄囊朝上漂浮于各水层中，偶尔尾部摆动、作间歇性的窜动。

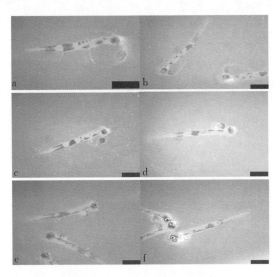

图 3-11 前期仔鱼形态学发育

a. 初孵仔鱼 b.1 日龄仔鱼 c.2 日龄仔鱼

d.3 日龄仔鱼 e.4 日龄仔鱼 f.5 日龄仔鱼

1～4 日龄：仔鱼全长 4.07～4.96 毫米。卵黄囊和油球大大缩小，眼出现较淡的黑色素，口仍未开启，消化管变粗并与肛门相通。仔鱼活动增强，能背部向上作短距离的平游，不游动时头部朝下随充气漂浮于水中，不充气时则沉向水底。

5 日龄：仔鱼平均全长 5.05 毫米。口已开启，口裂 0.20 毫米；卵黄囊仅留残骸；仔鱼已能较长时间平游，或头朝下在水中漂浮；开始摄食轮虫。

（2）后期仔鱼（图3-12） 6～9日龄：仔鱼全长5.12～5.61毫米。卵黄囊消失，油球残骸仍可见，口裂增大，消化管变粗，口、消化管和肛门已完全相通，消化管开始盘旋、能蠕动。仔鱼摄食能力增强，能摄食双壳类幼体和轮虫；游动能力增强，能在水中或水面长期停留；对外刺激的反应较灵敏，遇刺激能迅速逃避。

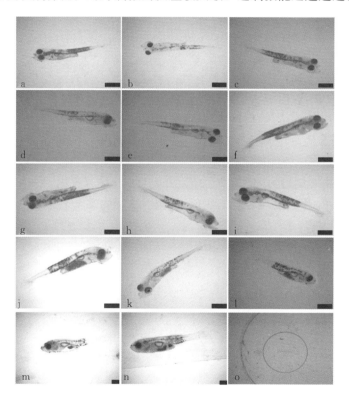

图3-12 后期仔鱼形态学发育

a. 6日龄仔鱼　b. 7日龄仔鱼　c. 8日龄仔鱼　d. 9日龄仔鱼　e. 10日龄仔鱼　f. 11日龄仔鱼
g. 12日龄仔鱼　h. 13日龄仔鱼　i. 15日龄仔鱼　j. 16日龄仔鱼　k. 17日龄仔鱼
l. 25日龄仔鱼　m. 30日龄仔鱼　n. 36日龄仔鱼　o. 2×（比例尺＝1毫米）

15～20日龄：仔鱼全长6.30～7.03毫米。体侧黑色素丛出现，能避强光。前鳃盖骨的下缘长出2～3个小棘，油球已被吸收殆尽。上、下颌具稀疏细齿，消化管粗；鳃耙和鳍条出现；仔鱼活泼、游动自如，对光反应敏感，喜集群。

30日龄：头部增大，已不透明，体背及两侧枝状黑色素明显增多，体腹中线处有2～4处枝状黑色素；上、下颌已具完整细齿，鳃盖后缘具小齿。游动和反应能力增强，大量摄食卤虫无节幼体和小型桡足类。

2. 稚鱼发育

38～43日龄：稚鱼全长13.33～15.21毫米。鱼体侧扁，脊索末端明显上翘。第二背鳍和臀鳍已形成。前鳃盖骨后缘呈细齿状，鳃盖骨后下缘出现3个强棘。稚鱼的游动、逃避和摄食能力进一步增强，对光的反应日益敏感。稚鱼白天一般在水的中上层活动，而晚上则多栖息在水的中下层。已大量摄食卤虫无节幼体和较大型桡足类，出现同类相残现象。

45～49日龄：稚鱼全长15.61～16.42毫米，第一背鳍出现，并逐渐出现硬棘；胸鳍鳍条开始形成。头部吻端及上、下颌的黑色素明显增多。

50～54日龄：稚鱼全长17.06～19.42毫米。此期的稚鱼已不透明，由于鱼体还分布有较浓密的黄色素，因此体侧及背部呈现银灰褐色，体腹及腹侧为黄色（图3-13）。

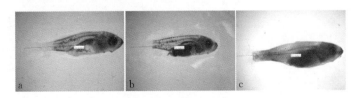

图3-13　稚鱼形态学发育（比例尺＝0.3毫米）
a.38日龄稚鱼　b.47日龄稚鱼　c.54日龄稚鱼

3. 幼鱼发育

56～63日龄：幼鱼全长20.34～22.53毫米，鳞片从腹部开始出现，并逐渐向上蔓延至鳃盖。

66～85 日龄：幼鱼全长 23.39～30.97 毫米，形态已与成鱼相似，鳞片形成并覆盖全身。鳍膜逐渐完善，各鳍式趋于定数。幼鱼的活动、摄食和反应能力更强。此时，幼鱼进入大规格苗种培育或直接进入成鱼养殖阶段。各发育阶段特征见表 3-2。

表 3-2　仔鱼、稚鱼和幼鱼阶段与行为特征

发育阶段	日龄	全长（毫米）	形态特征	行为特征
前期仔鱼	0～5	4.00～5.05	从孵化出膜到卵黄囊消失，口已开，口与消化道及肛门已经贯通	活动能力弱，主要随水漂流，从偶作窜动到作短距离平游，开始摄食轮虫
后期仔鱼	6～36	5.12～12.97	从卵黄囊消失到奇鳍膜即将分化	活动能力较强，对光反应敏感，20 天时游动自由，喜欢集群；从主要摄食轮虫转而摄食卤虫无节幼体
稚鱼期	37～55	13.30～20.02	从奇鳍膜分化到出现一定数量的鳍棘、鳍条	活动、逃避、摄食能力增强，对光反应敏感，能够摄食卤虫成体和大型桡足类
幼鱼期	56～85	20.34～30.97	从鳞片开始出现到基本覆盖全身，各鳍式趋于定数，形态已经与成鱼相似	活动、摄食和反应能力更强，白天生活在水的中下层，晚上能集群沿着水流作逆时针方向游动，大量摄食大型桡足类、糠虾糜和鱼糜

（二）室内鱼苗培育

鱼苗培育是指从开口摄食培育至全长 3.0 厘米左右的幼鱼。

1. 培育设施

常规育苗池即可，亦可以使用现成的虾、蟹、贝类育苗池。育苗池形式多样，一般以方形、圆形为主。水体容量 15～30 米³ 的圆形水泥池既便于人工控制和管理，又利于大规模生产。要配有进排水管道，进排水方便，有砂滤池和充气设施。海鲈为秋季育苗，加温设备很重要，要求有良好的调温、保温条件（图 3-14）。

图 3-14　育苗池

2. 培育用水

仔、稚鱼培育水环境主要条件为：水温 15～20 ℃，盐度 20～30，pH 7.5～8.0，溶解氧在 5 毫克/升以上，总氨氮在 1 毫克/升以下。一般通过过滤设施获得培育用水（图 3-15）。在适温范围内，仔、稚鱼的生长速度随温度上升而加快。因此，在条件允许的情况下应尽量保持较高的温度。受精卵孵化和仔、稚鱼培育的盐度应参考其亲鱼所生活水体的盐度范围。

3. 放养密度

孵出仔鱼的放养密度一般为 2 万～3 万尾/米³，具体视池的大小、水交换量及通气、清污条件等作调整。

4. 饵料系列

轮虫-卤虫无节幼体-配合饲料是海水鱼苗种培育常用的饵料系列。该系列投喂模式同样适用于海鲈的苗种生产。在我国南方，经

图 3 - 15　培育用水的最后过滤

常在投喂卤虫无节幼体和配合饲料阶段根据情况混合投喂桡足类（图 3 - 16）。

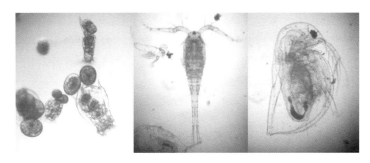

图 3 - 16　轮虫（左）、桡足类（中）、枝角类（右）

　　适时保证足量的优质饵料供应是育苗成功的关键。鱼苗孵出后，待发育到消化道开通，需要 4～5 天的时间，此时应及时投喂经 120 目筛绢过滤的轮虫幼体，使池中轮虫密度保持 5～10 个/毫升，5 天后可直接投喂清洗干净的轮虫。为使池中轮虫有充足的饵料及维持稳定的水质，应在仔鱼入池时就添加小球藻，使其密度达到 20 万～50 万个/毫升。轮虫投喂前，最好用富含不饱和脂肪酸的乳化鱼油强化 12 小时。从第 20 天开始（视水温与鱼体发育情况，亦可提前到第 15 天）投喂卤虫无节幼体，并保持水池中的密度在 1～2 个/毫升。投喂时间一般持续到第 50 天，即鱼苗已达 2 厘米左右，能完全摄食鱼糜、人工配合饲料为止。其间，如有条件，可投喂部分桡足类，弥补长期投喂轮虫、卤虫引起的不饱和脂肪酸的不足，增强鱼苗活性。

5. 日常管理

培育早期的前 3～4 天，每天加水 10 厘米左右，不换水，当加至 1 米（满水位）水深后，进行换水或微流水培育，日换水率由小到大逐渐加大，到 20 日龄时的换水量为 200%～400%。每 2～3 米^2 布一气石，培育前期水体负载量相对较轻，仔鱼体质柔弱，充气量要小，随鱼体的发育、生长须加大充气量。每天或隔日以吸污器清底一次。早期鱼苗活动能力较弱，要随时清除水面上的油膜，以免阻碍仔鱼吞取空气，使其不能完成鳔充气，从而影响鱼苗的健康生长。

6. 分苗

转食鱼糜或配合饲料后的个体分化较大，大小相差悬殊，易造成大苗吞食小苗的现象。此时应结合出池及时将大、小个体分开饲养（图 3-17）。

图 3-17　苗种的大小分级（筛苗）

（三）室外池塘生态育苗

将受精卵或孵化后尚未开口的仔鱼放入室外池塘进行培育。该模式相对于室内工厂化育苗来说，天然饵料丰富、营养价值全面、育苗成本低、简单易行，但人为控制受到一定程度的限制，特别是饵料生物的培育受限。

1. 池塘的选择

选择能自由纳潮、排水方便、泥沙底质、面积不超过 1 公顷、水深 1～2 米的池塘最佳（图 3-18）。

图 3-18　规范化的室外苗种培育池

2. 清池及肥水

清池在放苗前 10 天左右开始，池中注入 20 厘米左右的海水，每亩用 15 千克漂白粉全池泼洒消毒，彻底杀灭杂鱼虾及病原体，2 天后排掉消毒海水，重新注入 50 厘米左右的新鲜海水，进水时用 60 目的筛绢制成拦网进行过滤，防止杂鱼虾等进入池内。接下来进行肥水，培养饵料生物。在条件允许的情况下，同时在池内接种含有多种菌株的复合微生态制剂，使池塘有益微生物占优势地位，从而抑制病原菌。4～5 天后饵料生长进入高峰期，即可投放仔鱼。

3. 放养密度

每亩可放仔鱼 4 万～5 万尾，随着仔鱼生长，其捕食能力的增强，摄食量也急剧增加，应适时添加肥料（鱼浆等）以培养饵料生物。透明度在 40～50 厘米为宜。

六、大规格鱼种培育

（一）池塘培育

将全长 3 厘米左右的鱼苗放入室外池塘培育至 10 厘米左右的大规格鱼种时，池塘的大小以 1 000 米^2 左右为宜。放苗前 25～30 天对鱼池进行严格清池、消毒，一周后注水 50 厘米，施足底肥（如每亩施鸡粪 100 千克、尿素 1 千克、磷肥 0.8 千克），培育出足够的活体饵料（主要为浮游动物）。

在养殖过程中，要注意调节水质和透明度，使池水的透明度维持在 40～50 厘米。要根据水质情况适量追肥，以保持一定量的饵料生物。鱼苗的放养密度为 2 万～4 万尾/亩。饵料以新鲜鱼、虾糜、枝角类及桡足类为主，辅以人工配合颗粒饲料，每天定时、定点投喂 4 次，投饵量按鱼体重的 6%～15% 投喂；然后逐渐过渡到全部为配合饲料。应适时按规格筛选，分池疏养，以防鱼种互残。经过 20～30 天的培育，鱼种长到 8～11 厘米时，即可出池。

（二）网箱培育

将全长 3 厘米左右的鱼苗放入网箱，培育成 10 厘米以上的大规格鱼种。这种模式对于室内育苗来说水体受限，而对于近海水质环境条件较为优越的企业是最佳选择。

1. 水体选择

海上网箱培养的海区选择同成鱼网箱养殖。

2. 网箱规格

中间培育要采用较小规格网箱，一般为 2 米×2 米×（1～2）

米。网目应视鱼种大小而定，开始使用 0.5～0.8 厘米网目的无编节网衣，随着鱼的增长更换大网目的网箱（图 3 - 19）。

图 3 - 19　苗种培育用的小网箱

3. 放苗

放苗时注意两地的水质条件不能有较大的差异。一般每立方米水体放养全长 3 厘米左右的鱼苗 500 尾、4～6 厘米的鱼种 150～200 尾。

4. 饵料种类及投喂

鱼苗进入幼鱼期，能摄食鱼糜、配合饲料等饵料。鲜饲料日投喂量以鱼体重的 50％～60％ 为宜，要求新鲜、颗粒大小适口（图 3 - 20）。坚持少量多次的原则，一般为 4 次/天。

图 3 - 20　全价配合饲料

5. 管理

培育早期因网箱网目小、水的阻力较大且处于高温期，附着生物易堵塞网孔，应及时换网。为了防止鱼种相互捕食，要适时进行鱼种的筛选分箱。要随时检查鱼群吃食、活动及生长情况，定期观测记录养殖海区水质的理化因子，以此为依据调整投饵量。

七、苗种运输

苗种运输要考虑苗种规格、路途远近、运输条件等。通常可采用帆布桶或塑料袋充氧运输。短途多利用帆布桶运输，全长3厘米左右的鱼苗可按1万尾/米³的密度充氧装运。远距离运输时多利用塑料袋运输，全长为3厘米左右的鱼种，每袋可装500～1 000尾（图3-21）。距离短时可适当增加数量。

图3-21 塑料袋包装运输

八、活饵料培养

(一) 轮虫培养

轮虫是小型多细胞动物，对环境的适应能力强，繁殖速度快
(图 3 - 22)，营养丰富，是海鲈育苗不可缺少的开口饵料。当前我
国应用于生产性培养的轮虫大多为褶皱臂尾轮虫，其能耐受盐度范
围为 2～50，在盐度 10～30 的范围内生长良好，最适生长、繁殖
盐度为 15～25。在 5～40 ℃的温度范围内能生长繁殖，较适宜的
繁殖温度为 25～40 ℃，而最适温度为 25～28 ℃。

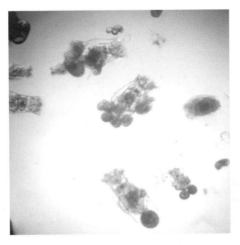

图 3 - 22 "抱卵"的轮虫

轮虫的培养，大体有室内高密度集约化培养和室外池塘培养两
种模式。室内高密度集约化培养，条件可控，生产比较稳定，但生
产成本相对较高，生产中所用饵料单一，培育出的轮虫不能完全满
足苗种的营养需求，因此需要对轮虫进行营养强化后使用。室外池
塘培养时，以池塘中的微生物、单胞藻类作为轮虫的饵料，所生产
的轮虫成本较低、营养价值全面，基本能满足海鲈仔鱼正常生长的
营养需求。

（二）卤虫卵孵化

卤虫孵化后获得的无节幼体是一种重要的饵料生物。北方地区卤虫培养可购买卤虫卵，用玻璃钢桶孵化（图 3 - 23），就其孵化条件而言，适宜温度为 25～30 ℃，盐度为 30～35，溶解氧为 2 毫克/升以上，pH 为 8～9。孵化时间约为 24 小时。孵化密度为 10 克/升以下。卤虫无节幼体需进行营养强化，按卤虫总量的 2.5%～3.0%使用浓鱼肝油或市售营养强化剂强化，以满足海鲈仔、稚鱼营养需求。

图 3 - 23　卤虫卵孵化桶

第二节　海鲈成鱼养殖模式与技术

一、池塘养殖模式与技术

海鲈池塘养殖包括海水、半咸水及淡水池塘养殖。无论哪种养殖方式，技术及流程大体一致。

（一）养殖池塘的准备

苗种放养前的准备工作至关重要，是改善池塘环境条件、预防鱼类疾病的有效措施。

1. 养殖池塘的基本条件

养殖池塘面积一般为 5～15 亩，以长方形为好，长宽比 5：3 为宜，水深 1.5 米以上。要求进排水方便，水源水质良好，淡水养殖应执行《无公害食品 淡水养殖用水水质标准》（NY 5051）的规定；海水养殖应执行《无公害食品 海水养殖用水水质标准》（NY 5052）的规定。

对于已养过鱼的老池，池底淤泥中积累了大量残饵、粪便等有机物，这正是病菌繁殖的温床，放苗前要进行推塘、洗塘、晒塘、塘底消毒等一系列处理。如果池底淤泥超过15厘米，建议推塘清淤或利用高压水枪清淤，然后暴晒，使塘底干晒至龟裂 2 厘米左右，再进行下一步的消毒工作。

2. 清塘

目前生产中常用的清塘方法有生石灰、漂白粉清塘等。

（1）生石灰清塘 生石灰清塘消毒的目的是清除野杂鱼虾等敌害生物以及病原菌等有害微生物。其作用原理是生石灰溶解于水后，所生成的氢氧化钙能使池水的 pH 达到 11 以上，并能保持 2 小时左右，可杀死病原菌及敌害水生生物。目前生产中采用 100 千克/亩的用量，池塘进水 20 厘米左右，趁生石灰遇水起剧烈化学反应时，将其均匀泼洒于池底。

需要说明的是，以上方法并不十分严谨，用量不够精准。较为科学精准的用量需要根据池塘的底质和水质来确定。用量过少，起不到清塘的目的；用量过多，对于大多数池塘来说，也没有坏处，因为大剂量的生石灰处理还具有调节水质的作用，使水体的钙硬度与总碱度保持一致。为达到最佳效果、节省成本，建议通过量化指标确定生石灰用量。

（2）漂白粉清塘 漂白粉适宜带水清塘，且使用简单，效果好。其用量一般为每立方米水体 30～40 克。使用时，将漂白粉加水溶解后，全池泼洒。泼洒时最好选择光照不强烈的傍晚或早晨，强烈的光照会降低漂白粉的消毒效果。生石灰与大多数氯制剂（漂白粉即为氯制剂的一种）都能达到消毒、杀灭有害生物的作用，但两者相比有较大区别（表3-3）。

表3-3　生石灰与氯制剂处理水的比较

项　　目	生石灰	氯制剂
使用剂量	大	小
消毒	有	有
杀灭不良生物	有	有
氧化作用	无	有
与重金属共沉淀	有	无
与有机物质絮凝	有	无
氨氮挥发	有	无
低碱硬度水体可提高碱硬度	有	无
高碱硬度水体可降低碱硬度	有	无
促进土壤释放微量元素	有	无
促进土壤有机物质分解	有	无
中和土壤酸度	有	无
土壤改良效果	正	负
产生氯胺	无	有
药物毒性残留	无	有

　　如果水比较难肥，在珠海池塘养殖模式中，采用生石灰进行塘底消毒，使用量一般为100～200千克/亩。如果要兼顾标苗，使用漂白粉+茶籽饼一起消毒，这样消毒后能把杂鱼杀灭，消毒过后的水也比较容易肥，藻类旺盛且轮虫、"水蛛"等浮游动物较多，可很好地满足前期标苗的需要。

（二）苗种的放养

1. 肥水
使用发酵料（成分为复合菌与饲料发酵的培养物）1包+50千

克麦麸（或者米糠、豆粕）＋400 千克水＋10 千克红糖，在桶里密封发酵 3～5 天再使用，此方案可以用于 5～10 亩的池塘肥水。

2. 检测水质指标

测量水中的盐度、pH、氨氮和亚硝酸盐等水质指标，当 pH 在7.3～8.6、氨氮小于 0.6 毫克/升、亚硝酸盐小于 0.15 毫克/升时，可以进行试苗。如水质指标不合适，则应调节至合适范围后再试苗。

3. 试苗

在塘边做一个密封的小网兜，把 100 尾以上的试水苗放进去试水。第二天观察是否有死亡现象，如果成活率超过 95%，则可以放苗。

4. 选苗

选择均匀度好、规格整齐，体形修长、活力好，不携带病毒、致病菌和寄生虫，消化器官完好的优质苗种。

5. 放苗

放养密度要根据养殖技术、池塘条件、养殖方式、鱼种规格而定，放养 10 厘米左右的鱼种。珠海高密度池塘养殖模式中，放养头批鱼的密度一般为 7 000～8 000 尾/亩，放养中批鱼的密度一般为8 000～10 000 尾/亩，放养尾批鱼的密度一般为 10 000～12 000 尾/亩。

6. 放苗后处理

（1）抗应激 放苗后马上泼洒应激灵（或维生素 C、葡萄糖、多糖类产品），观察鱼苗是否沉底、是否稳定有序地游动，如有鱼苗出现跳跃、挣扎、狂游等现象，可能是鱼苗出现强烈应激，也可能是水质指标未处理好，此时应及时使用应激灵和有机酸解毒，并开足增氧机。

（2）消毒 鱼种运输过程中可能会产生摩擦，进而擦伤身体，处理不当则会引起红点、烂身等问题，严重的会在一周内出现死亡，影响成活率。因此鱼苗下塘的当天需要及时使用碘制剂和硫醚沙星类产品进行消毒。

7. 混养

淡水池塘养殖可以混养，放苗 15 天后可以套养鲫、鳙，也可以套养其他底层鱼如黄颡鱼等，鳙放养密度为 20～50 尾/亩，鲫放养密度为 100~200 尾/亩。

（三）饲养管理

1. 饵料投喂

目前市场上有专用的海鲈饵料。按照定质、定量、定点、定时的原则，以"慢、快、慢"的节律进行投喂（图 3 - 24），但现今大多采用投饵机自动投喂，"慢、快、慢"的节律并不好控制。投喂的好坏直接关系到海鲈的生长速度、病害暴发的概率、水质的稳定以及养殖的效益。成鱼养殖阶段日投饵量一般控制在鱼体重的 1.5%~3%。

图 3 - 24　池塘养殖的人工投喂

2. 水质管理

鱼种入池后，初期由于投饵少，基本不换水，只是逐渐添水直至池塘满水位。随着池塘中鱼的生长、投饵量的增加、水温的升高，要加大换水量，并保证水的溶解氧含量达 4 毫克/升以上，同时要保持水体较高的透明度（40 厘米以上）及稳定的 pH。

（1）溶解氧　水体中溶解氧不足，可使养殖海鲈的免疫机能受损，对病原微生物的侵袭变得更为敏感。缺氧还可导致养殖环境的恶化，如水体中微生物的生态组成发生变化，以致水体净化能力降低、条件致病性病原微生物增加以及氨氮、硫化氢、亚硝酸盐等有毒有害物质产生。严重缺氧可直接导致海鲈死亡。

海鲈对饲料的消化吸收和同化能力与溶解氧浓度成正比。溶解氧浓度越高，鱼的消化吸收和同化能力越高。因此借助在线溶解氧监控系统，通过对溶解氧进行精准调节与控制，尽最大可能提高饲料效率，不仅可以减少饲料对池塘的污染，还可以大幅度降低饲料成本。养殖海鲈的呼吸在总耗氧量中所占比例虽然与养殖密度有密切关系，但并非耗氧的主要因子，仅占总耗氧量的 5%～22%。底质呼吸包括底栖生物群落的呼吸及细菌对沉积物有机质的分解，在总耗氧量中所占比例较低，仅为 3%～20%。因此要保持水体中充足的溶解氧，需采取以下几种措施：适时添加新水；及时开启增氧设备；应急时直接使用过碳酸钠、过氧化钙、过硫酸氢钾等化学增氧剂，但成本较高。

（2）增氧设备的使用　合理地使用增氧机是有效增加池水溶解氧含量最普及的方式。若使用池塘增氧机的方法不科学，将直接影响增氧机的使用效果。

① 叶轮式增氧机（图 3-25），除增氧外，还有搅水、曝气的功能，能促进浮游植物的生长繁殖、提高池塘初级生产力。但增氧区域只限于一定范围内，用于较大池塘时对底层水体的增氧效果较

图 3-25　叶轮式增氧机

差，不适宜在水位较浅的池塘使用（容易扰动底泥）。

② 水车式增氧机（图3-26），具有良好的增氧及促进水体流动的效果，适用于淤泥较深的池塘，对深水区增氧效果不理想。

图3-26　水车式增氧机

③ 充气式增氧（图3-27），其曝气管大多使用纳米管，故也称微孔增氧。水越深效果越好，适于深水水体中使用。它对下层水的增氧能力比叶轮式增氧机强。增氧动力效率高，相对省电。但对上层水的增氧能力较低，稍逊于叶轮式增氧机。

④ 曝气涌浪式增氧机（图3-28），被认为是目前水产养殖增氧设备中最新的产品，其最大的优点是省电。增氧原理与叶轮式和水车式不同，独特的花朵状螺旋形叶轮配合环形浮筒，能使输出的水向上喷发，造成一定区域的水体为沸腾状，因而增加水体在喷发过程中与空气的接触，从而提高水体的溶氧量。同时，水在向上喷发时直接穿越电机和减速机，使电机与减速机在水的冷却下实现长时间工作而不发热。

⑤ 喷水式增氧机（图3-29），具有良好的增氧功能，可在短

图 3-27　充气式增氧

图 3-28　曝气涌浪式增氧机

时间内迅速提高表层水体的溶氧量，同时还有艺术观赏效果，适于园林或旅游区养鱼池使用。

　　在高密度养殖海鲈的池塘中，每亩配置 1～2 台叶轮式增氧机，每口池塘同时配套 2 台以上的水车式增氧机，可达到立体增

图 3-29　喷水式增氧机

氧的效果。因叶轮式增氧机可以把表层的溶解氧带到底部，水车式增氧机可以让池塘水体转动起来，增加水体与空气的交换，两者的合理搭配，可使每台增氧机承载 1 500～2 500 千克鱼的需氧量。

（3）水环境营养盐调控　使用调水产品，提高藻类的丰度，补充碳源，促进藻类的光合作用。换水可带入新的藻种，使用芽孢杆菌、光合菌、乳酸菌、EM 菌等生物活菌调节池塘菌相，结合氨基酸肥、发酵肥、生物肥等产品使用，能保持水体肥度的稳定性。定期使用"粤海富鱼康"＋"碳元素"＋红糖发酵 3～5 天，可以有效解决海鲈养殖中前期水质不稳定的问题。

3. 记录总结

在养殖生产过程中，养殖单位和个人应当填写《水产养殖生产记录表》和《水产养殖用药记录表》（表 3-4 和表 3-5），这两个表应当保存至该批花鲈全部销售后 2 年以上。同时还应附具《产品标签》（表 3-6），以便销售海鲈时使用。为更好地总结、分析、反思，还需要进行养殖效果的成本核算，因此表 3-7 的汇总整理也是不可或缺的工作。

表 3-4 水产养殖生产记录表

池塘号： 面积： 亩 养殖种类：

饲料来源		检测单位				
饲料品牌						
苗种来源		是否检疫				
投放时间		检疫单位				
时间	体长	体重	投饵量	水温	溶解氧	pH	氨氮

表 3-5 水产养殖用药记录表

序号			
时间			
用药名称			
用量/浓度			
平均体重/总重量			
病害发生情况			
主要症状			
处方			
处方人			
施药人员			
备注			

表 3-6 产品标签

养殖单位	
地址	
养殖证编号	
产品种类	
产品规格	
出池日期	

表 3-7　海鲈养殖效果汇总表

放养时间	
放养规格	
放养数量	
养殖过程中采取的主要措施	
收获时间	
总产量（千克）	
成活率（%）	
出池价（元/千克）	
总产值（元）	
成本	1. 苗种 2. 饲料 3. 电费 4. 药物 5. 运费 6. 人工及其他
单位效益（元/亩）	

（四）池塘越冬

在北方，对当年达不到商品规格的花鲈，要进行越冬管理。越冬模式主要有海上网箱越冬、室内工厂化越冬及室外池塘越冬。对于海上网箱越冬，主要考虑的是越冬网箱的安全问题；而室内工厂化越冬，主要考虑的是水质交换与越冬密度的问题。这些环节都与普通的鱼类养殖相类似。但在北方的室外池塘越冬，特别是沿海一带的咸水、半咸水水域，则要注意以下环节。

1. 池塘条件

进水和排水相对便利，池塘水深应在 2.5 米以上。

2. 池塘消毒

越冬前池塘尽可能用低盐度水和高温度水。所进池水用 20 克/米^3

的漂白粉消毒处理。

3. 鱼种越冬前强化饲养

随着水温降低，要强化饲养管理，在水温 6～7 ℃时，鱼群摄食量明显减少，但只要有鱼在投饵点摄食，就继续定点、定时投喂。

4. 鱼种入池

鱼种入池前最好按规格筛选、分级，分池越冬。越冬的密度应由鱼种规格、进排水条件和养殖管理水平等综合因素决定。

5. 越冬管理

越冬池不投饵，保持最大水位 2 米以上。越冬池底层水温变化在 0.2～8.8 ℃，池水盐度 3.0～17.8。封冰后应进行冰上破洞（直径以 1～2 米为宜，洞之间距离为 15～20 米），雪后要及时扫雪。当水温回升至 6 ℃左右时，开始换水。发现有鱼群活动时，开始驯化摄食，逐渐正常投喂。

二、池塘工程化循环水养殖模式与技术

（一）养殖技术原理及其特点

1. 技术原理

池塘工程化循环水养殖模式（又称跑道式养鱼），是集池塘循环流水养殖技术、生物净水技术和鱼类疾病生态防治技术于一体的新型池塘养殖模式。其基本原理是将投喂饲料的鱼圈养于池塘中建设的推水养殖区，进行类似于高密度的流水养殖，该水槽的大小占池塘总面积的 2%～5%，并配有增氧和推水设备以及集中排污系列装备。主养的鱼类如海鲈产生的粪便、残饵随着系统中水体的流动，被排污设备收集，并移出池塘外，减少池塘的污染。其余95%～98%的水面作为大水体生态净化区，通过套养滤食性鱼类、设置生物浮床、种植水生植物、添加微生态制剂等生物净水技术，对残留在池塘的养殖尾水进行生物净化处理，实现池塘内水体的循环利用，达到养殖周期内养殖尾水的零排放或达标排放。由于整个养殖过程都需要动力将水推进养殖区，故又称"推水养殖"

（图 3-30）。

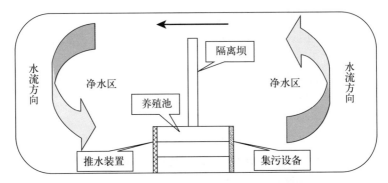

图 3-30 池塘工程化循环水养殖模式示意图

该模式符合我国对渔业节水、节能、生态、高效的发展要求，在资源节约、生态环境保护及渔业增效等方面具有明显优势，并且能够解决国内渔业养殖模式在转型方面遇到的诸多问题。

2. 特点

池塘工程化循环水养殖系统能够在室外静水池塘中达到工厂化循环水的养殖效果，使池塘养殖实现低碳高效、环保生态、可持续发展。其特点总结如下：

（1）现代工程化 对传统养殖池塘进行工程化改造，便于自动化管理和综合利用，不同的水槽可以将不同鱼类、同种不同规格鱼类分开养殖，有利于经济效益的提高。

（2）改变养殖环境、降低病害发生 由于养殖鱼类被限制在小范围内，通过气提水装置，在增加水体溶解氧的同时带动养殖水体的循环流动，使养殖废弃物随着水流不断沉积在系统末端并及时排出。溶解氧的增加，不仅改善了养殖环境，还可提高饲料利用率；饲料利用率的提高，不仅能提高鱼类生长速度，还能减少残饵、粪便的收集量，同时也降低了池塘的饲料污染，减少环境变化带来的应激从而提高鱼类的健康水平，减少病害发生。

池塘工程化循环水养殖系统不仅仅是带来了经济效益，更多的是带来了非常好的社会效益和生态效益。所谓的社会效应，一是节水、节地、节能源；二是通过该系统养殖的鱼，质量安全得到保障和提高。

（二）养殖区结构

养殖区的主要结构由养殖池、推水装置和集污设备构成。

1. 养殖池

水槽是分区养殖模式的主体设施部分，常见的材质有水泥结构，也有钢架结构辅以玻璃钢或不锈钢片。最简易的是用木桩辅以帆布甚至防水油毡，只要能隔水，都可以用来做水槽。

一般单个水槽长 20～25 米，宽 4～5 米，深 1.5～2.0 米，体积 120 ～ 250 米³。根据池塘面积大小设置相应个数的水槽（图 3-31）。当然，具体设置应因地制宜，根据具体养殖品种、池塘大小等设置水槽的规格和数量，没有完全一致的标准。

图 3-31 池塘工程化循环水养殖池

产量取决于养殖水槽占总池塘面积的比例、集污排污效率以及净水区初级生产力。据报道，国内养殖水槽的载鱼量一般在 60～100 千克/米³，国外该模式养殖斑点叉尾鮰可高达 500 千克/米³。

目前关于产量的许多报道大多只给出水槽的总产量，很少给出按整个水体计算的平均产量，这可能会产生严重的误导。例如，池塘原来产量 1 500 千克/亩，池中建设 2.5% 的水槽用来集中养殖，水槽水深以 1.5 米计算，即产量应为 60 千克/米^3。如果产量不高于这个基数，那使用这种模式是不具有优势的。

2. 推水装置

目前国内主要采用的推水装置，是借助于增氧设备实现的，由空气压缩机、微孔气管（也称纳米管）和导流板等组成（图 3 - 32）。

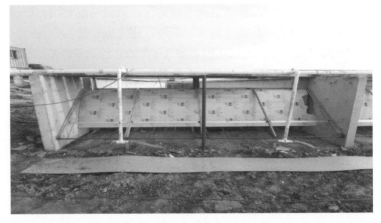

图 3 - 32　池塘工程化循环水养殖推水设备（示水泥结构导流板）

推水装置具有增氧和推水的双重作用。因此，在系统设计时，水槽的大小、结构和空气压缩机的功率大小要结合起来考虑。一般来说，在空气压缩机固定的情况下，水槽体积越大，水槽内水体交换速度就越小；水槽宽度与深度截面积越大，水流速度也越小。

水流速度要考虑的因素包括氧的供应、代谢物等，尤其是氨氮的去除、养殖动物对水流速度的适应性以及残饵和粪便的沉淀收集等。

水槽的流速控制关系到方方面面，与养殖效果关系密切。所以，不同养殖品种、同一品种不同规格鱼种以及不同饲料品质，对水流速度都有相应的要求，不可简单地复制。据报道，国外的经验是水流速度为3~5厘米/秒，但没有报道具体鱼类的品种。综上，分区养殖水槽的水流速度还需要更多的实践和更深入的探讨。

3. 集污设备

集污的效果与池塘的水质有密切关系，其目的是增加产量、提高鱼的品质、减少池塘的富营养化、减少池塘养殖过程中产生的污染（图 3 - 33）。

图 3 - 33　集污设备

（三）净水区的管理

净水区占池塘总面积的 95%～98%，被用来净化微细颗粒和溶解态的有机废物，池中可放养滤食性鱼类或者滤食性底栖贝类，同时种植占净化区面积 20%～30% 的水草等水生植物。净水区还可放置生态基、微电解材料，适时投放微生物制剂等，开展池塘水体土著微生物固定化培养。利用生物之间的相互作用，使水体进行自我调节，分解水中养殖生物排泄的代谢物等，起到净化水质的作用。同时设置导流堤，配备水车式增氧机、叶轮式增氧机、曝气涌浪式增氧机等使池塘水按照设计的方向，将净化后的水循环到养殖区进行再利用。

三、盐碱水域养殖模式与技术

盐碱地是盐土和碱土以及各种盐化、碱化土壤的总称。盐碱水俗称盐水、碱水、微咸水、半咸水、苦咸水等，其特征为水质中主要离子不具恒定性，水化学组成复杂多样，绝大多数无法被人畜饮用，也不能直接用于农田灌溉、水产养殖。盐碱地和盐碱水两者往往密不可分，盐碱随水而来、随水而去，盐碱地区生态系统十分脆弱，荒漠化严重。

（一）我国盐碱水域的分布及化学特性

凡是地表土壤存有盐渍化现象的地区，都有盐碱水的分布。盐碱水土资源广泛分布于我国东北、华北、西北等内陆地区。根据盐渍化地球化学特征，可将我国盐碱地的分布划分为以下几个类型区。

1. 滨海湿润、半湿润类型区

该区范围广、面积大，主要是我国从南到北的沿海一带区域，包括滨海盐土和海涂（图3-34）。其地下水以钠质-氯化物为主，

图3-34　沿海一带的盐碱地

北部地下水还有钠质-碳酸盐型，南部则兼有硫酸盐型。含盐量方面，有1~2克/升的低盐区，也有10~30克/升的高盐区。这主要是受海水的影响，离海岸线越远，含盐量越低，而且还有从南到北逐渐升高的趋势。

2. 黄淮海半湿润、半干旱类型区

该区包括河北、天津、河南、山东、江苏、安徽等部分地区，主要是黄淮海平原的盐渍土（图3-35）。地下水因地理位置的不同具有较大的差异。总体来说，西部地区以重碳酸盐、碳酸盐为主，含盐量在1~3克/升；中部以氯化物-硫酸盐或硫酸盐-氯化物为主，含盐量在3~5克/升；接近滨海的区域主要为氯化物，含盐量可高达30克/升。

图3-35 荒芜的黄淮海平原的盐渍土

3. 东北半湿润、半干旱类型区

该区分布在东北三省的大部分地区，以东北松嫩平原的盐土和碱土为代表。地下水以重碳酸盐为主，含盐量一般较低，基本属于淡水范围。但有些低洼积水湖泊、碱泡周围地下水的含盐量可达7克/升，是理想的盐碱水域（图3-36）。

4. 黄河中上游半干旱类型区

该区主要包括陕西、甘肃、青海、内蒙古、宁夏等部分地区

图 3-36 东北松嫩平原的碱泡已变为池塘

的半漠境内陆盐土，地下水含盐成分复杂，主要有重碳酸盐-硫酸盐、氯化物-硫酸盐等，含盐量低的为 12 克/升，高的达 20克/升以上。

5. 干旱、极端干旱、高寒类型区

主要包括青海、新疆等部分地区的极端干旱的漠境盐土。

（二）盐碱地鱼池建设

据不完全统计，全世界盐碱地面积约 143 亿亩，其中我国约有15 亿亩，约占全世界的 10%。对盐碱地的改良利用，国外的研究主要集中在降低盐碱度和耐盐碱植物的新品种培育上。我国开发利用盐碱地虽然起步较晚，但已取得一定进展。从初期的"灌溉冲洗"到"以排水为基础，培肥为根本"的农业生产，单一作物种植所获得的经济利益非常有限，对盐碱地的开发相对缓慢。

随着人们对盐碱化问题认识的不断深化，盐碱地、盐碱水治理技术取得进步，按照生态经济学原理，通过生态工程改造，将经济作物种植、耐盐碱水生动物养殖甚至生态景观设计进行有机组合，取得了显著的生态效益、经济效益和社会效益，成为当前治理盐碱地的有效措施。挖池抬田所形成的池塘-台田生态工程就是典型的代表。

1. 池塘-台田生态工程的技术原理

在盐碱地开挖池塘，使地下盐碱水汇集并形成水面，池塘周围的地下水位明显下降；挖出的土壤将池塘周围地面抬高，形成粮田（图3-37）。经淡水或降雨冲洗，土壤盐分被淋溶到池塘中，从而降低了土壤中的盐碱，也防止了地下水位的抬升和土壤返盐，使其变成可进行农林种植的耕地，实现生态修复。汇集于池塘中的盐碱水应用于水产养殖，实现渔农综合利用。

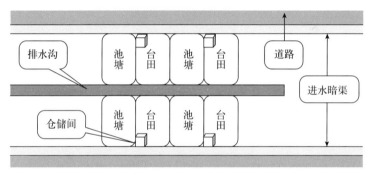

图3-37 池塘-台田生态工程示意图

2. 池塘-台田建设

根据养殖种类的生活习性，以及盐碱地条件的不同，因地制宜开展池塘-台田建设。对于盐碱化程度较低的地区，池塘与台田的面积一般为（1～2）：1，池塘面积为3 300米^2，池深3米（图3-38），同时配套建设进水渠以及排水沟。用挖出的泥土平整台田，种植不同的农作物，如棉花、水稻、玉米、小麦等（图3-39），也可用于发展禽畜养殖（图3-40），形成"上粮下渔""上林下渔""上菜下渔""上棉下渔""上草下渔""上禽下渔"等模式。

另外，还应保障电力供应，以确保养殖池塘的增氧、自动投饵、信息监控等的用电需要（图3-41）。道路的畅通也是重点考虑的内容，应予以足够的重视。

图 3-38　盐碱地新挖池塘

图 3-39　台田种植水稻、小麦等

（三）盐碱池塘养殖

1. 海鲈的耐盐碱能力

海鲈本属于广盐性鱼类，但由于水中的含盐量、碱度和 pH 的共同作用，使得盐碱水域养殖海鲈会受到一定的限制。碱度低于 10 毫摩尔/升是海鲈幼鱼长期养殖的安全碱度，但在 10 毫摩尔/升碱度条件下长期适应（2 个月）后，还可提高幼鱼的盐碱耐受力。

图 3-40 台田养禽

图 3-41 池塘增氧需要电力的保障

2. 池塘水质分析及改良

养殖过程中随时对水质进行化验分析，特别是养殖初期，水质变化较大，放养的海鲈需要一个适应的过程。因此要根据分析结果随时对水质进行改良调节，如用生石灰、草木灰、有机肥、微生态制剂等。将水质各项指标调整到海鲈适宜的生存范围内。

其他养殖环境及注意事项与一般池塘养殖基本类似，在此不再赘述。

主要养殖环节参见第四章案例部分。

四、海水网箱养殖模式与技术

（一）离岸网箱养殖

20 世纪 80 年代大规模发展起来的近海网箱养殖，为我国海洋渔业的发展作出了巨大贡献。然而超高速发展的近岸海水网箱养殖，造成了养殖密度过大、局部水域出现环境污染等诸多问题，加之陆源污染，使养殖环境恶化，养殖对象病害频发，产品质量下降。因此我国提出了从近海、内湾的浮式小型网箱向离岸外海的大型浮、沉式抗风浪网箱发展的战略，但近海内湾的小型网箱养殖在近期仍会占有一定的规模，但其养殖的目的会有较大的改变，即从高密度、高产量的密集型生产养殖，向低密度、高效益的多功能型生态景观养殖转型。

网箱养鱼是用金属、塑料、竹木等材料做成框架，用合成纤维、金属网片等材料做成网衣，将两者装配成一定形状的箱体，设置于水体中，用来放养鱼类。传统的近海网箱养殖是用竹木等做框架，制成边长 3 米、4 米、5 米等不同规格（或更大规格）的方形网箱，多个网箱组合成渔排（图 3 - 42A），设置于养殖海区的生产方式，这种方式具有灵活机动、适应水域广、养殖密度高、管理方便等特点，但给近海的水域环境也带来了污染。现网箱多使用高密度聚乙烯（HDPE）代替竹木结构（图 3 - 42B），不仅增加了网箱的抗风浪能力，外形也更加美观，在适当控制养殖产量的前提下（不超过水体的养殖负荷力），适于开展科普教育、旅游观赏，从而形成了新功能的近岸网箱养殖模式——景观网箱养殖。

1. 养殖水域的选择

（1）位置　避风条件好、风浪不大的近海水域，不仅台风风险小，还方便养殖人员的管理。远离工业、农业、生活污水排放口，

图 3-42 适宜于近海内湾的养殖网箱
A. 传统的高产网箱 B. 现代的景观网箱

避开海运主航道，避免污染。

（2）水质 水流畅通，水体交换好，水质清新，有一定的流速，一般为 0.07~0.7 米/秒，海流流向平直且稳定。常年水温在 8~31 ℃，盐度在 10~27，溶解氧达 6 毫克/升，pH 在 8.0~8.6。当水温为 16~27 ℃时，海鲈食欲旺盛，生长快速。

（3）水深 为了避免网箱网底部被海底碎石磨破，减少海底鱼排泄物对养殖水体的影响，在低潮期时，网底和水底的距离需达 5 米以上。也可直接选取海底地势平缓，坡度小，底质为沙泥或泥沙的海域。

2. 网箱选择

（1）网箱规格大小 普通网箱规格多为 4 米×4 米或 8 米×8 米（也有其他规格），水深 4~6 米；深水网箱规格为 10 米×10 米或

21 米×21 米（也有其他规格），水深 10～15 米。

（2）排列方式　单列式或双列式，每列设置 4 个网箱组成一个渔排，列间距大于 0.3 米，网箱内部 4 个角系上沉子，再把渔排用千斤及绳子固定。

（3）网箱材质　木质、钢构、全塑胶（图 3-43）。以钢构和全塑胶为材质的网箱多为深水网箱。

图 3-43　全塑胶网箱

（4）网衣　一般为无结节网片，网目大小以不逃鱼为原则，具体见表 3-8。

表 3-8　海鲈不同规格所需求的网目

鱼体长度（厘米）	5～8	10～15	15～20	20 以上
渔网网目（厘米）	0.3～0.5	2	4	4

对于较小规格的普通网箱，一般只设置一层网衣即可。对于深水网箱，一般设置内、外两层网衣，以 21 米×21 米的为例：里面小网箱规格为 10 米×10 米×7 米；外套大网箱规格为 21 米×21 米×10 米。采用网箱套网混养技术，可养殖不同规格鱼类。运用此种方式的目的在于投喂的饲料在部分未被食用时，可以被外层的

大鱼吸收，既避免造成水质恶化和底层泥沙的富营养化，又有利于提高养殖效益，一举多得。

（5）抗风能力 由于普通网箱抗风能力极差，养殖渔民生计常受到危害，而且还对近海生态环境造成巨大压力。可抗 14 级左右台风的钢构网箱和全塑胶网箱就可以由浅海海域扩大到 20 米甚至是 30 米的深水海域，减轻浅海、港湾、滩涂养殖压力，实现网箱养殖规模化、集约化、产业化生产。其中全塑胶网箱韧性好、安全性高、能抗 5 米高大浪；使用寿命长，可使用十年以上；环保，到期后塑胶还可回收利用，所以这种网箱已成为目前我国大力推广的养殖网箱。

3. 日常养殖管理

（1）鱼苗的选择 应从国家级、省级良种场或者专业性强的鱼类繁殖育苗场采购鱼苗，选择没有伤病、健康活力强、色泽好的壮苗。

鱼苗运输可采用尼龙袋充氧密封包装的航空运输、用管道把池中鱼苗放入船舱供氧的渔船运输以及帆布桶汽车装运的陆路运输等方式。

鱼苗放养规格的选择应充分考虑鱼苗的质量、养殖技术水平高低等因素。若鱼苗质量高且养殖技术成熟，可以放养规格稍小的鱼苗，否则要选择规格大一点的鱼苗。建议鱼种的规格在 8 厘米以上为宜，并根据大小、体质强弱定期将海鲈进行分开养殖。海鲈放养规格及密度可参考表 3－9。

表 3－9　网箱养殖海鲈的放养规格与密度

规格（全长/厘米）	放养密度（尾/米³）	放养密度（千克/米³）
8～10	200	3.6
10～15	120	8.0
15～20	70	10.5
20～30	30	15.0

（2）饲料喂养　要根据海鲈的不同生长阶段、水温高低、摄食情况、海况气象等因素来确定投饵量。每天投喂 2～3 次，日投喂人工配合颗粒饲料量占鱼体重的 3%～4%。海鲈属于凶猛肉食性鱼类，喂食时应采用引诱式、分段式方法投喂，以"供不应求"模式刺激鱼争抢饵料，从而达到提高鱼运动频率的目的，使肉质更紧实、有弹性。

（3）网箱日常管理　网箱置于海中日夜受波浪、海流的冲击以及敌害生物的破坏，网衣和框架可能受损坏，加之附着生物不断附着，影响网箱水流畅通，必须定期检查，重点做好以下几点：①每天巡视检查网箱，每天退潮时检查 2 次，台风季节应加强巡视，发现破损及时妥善处理；②每隔 30～40 天，必须清洗 1 次网箱；每隔 70～90 天，必须更换 1 次网箱；③水温达 28 ℃以上高温时，停止搬动、分箱；④随时检查鱼群吃食、活动情况，定期观测记录养殖海区水质的理化因子，并以此为依据，调整投饵量；⑤应及时做好防风、防雨等工作，必要时将网箱转移到可以避风的港湾。

（二）深远海网箱养殖

近海浅水网箱养殖虽有其优点，但沿岸水质的污染以及养殖鱼类的残饵、粪便的自污染，都给养殖环境带来一定的危害。为实现我国海水养殖业持续健康发展，亟须拓展养殖新空间，实施深远海养殖战略。深远海养殖的方式远离近岸，污染小、水质优，养殖的鱼类病害减少，鱼产品品质优良，大大提高了养殖效益。

既然要离岸到外海养殖，首先要解决的就是抗风浪的问题。采用高密度聚乙烯（HDPE）作为框架，将网箱设计成圆形的浮式、升降式等结构（彩图 35、彩图 36），再针对不同的水域底质，选用锚固、桩固等方式的固泊系统，就可以较好地解决这一问题。

上述网箱虽然具有一定的抗风浪能力，但仍然不能实现真正意义上的远离近岸，高密度聚乙烯的框架经不起大级别风暴潮的破坏。在面向深远海开放性海域的大型养殖设施智能化、养殖品种及养殖技术等方面，尚有许多问题需要攻克。

我国发展深远海养殖才刚刚起步，深远海养殖又是一个系统工程，适养物种、养殖技术和养殖平台（大型基站、大型深水网箱和养殖工船等）是深远海养殖的主体；清洁能源和饮用水供给、物资和养成品的海上运输及陆地物流、养殖水产品的精深加工等是深远海养殖体系必须具备的周边配套支撑网络。同时，深远海养殖还必须考虑海流（暖流）、风暴潮等的影响以及减灾防灾策略等。这些问题都需要我们逐一解决，才能实现真正意义上的深远海养殖。

五、适宜于海鲈绿色养殖的其他模式

（一）集装箱养殖模式

1. 模式简介

在池塘岸边放置集装箱作为养殖单元，原池塘变为仿湿地生态池塘，将以往池塘中养殖的吃食性鱼类转移至集装箱中，并从池塘抽水，经杀菌处理后，进入集装箱内，形成流水养殖。养殖后的尾水经过固液分离后再返回池塘，池塘中投放微生态制剂以及滤食性鱼类等净化水质、维持水质的稳定（图 3-44）。另外，固液分离后的固体物质，通过高效集污系统，将固体物集中处理，不再进入池塘，降低池塘水处理负荷。

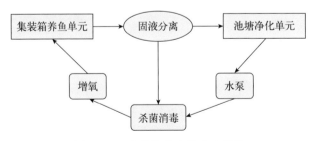

图 3-44　集装箱养殖模式示意图

在上述模式——陆基推水式的基础上，现今又发展出另外一种养殖模式——"一拖二"式。该模式为全封闭式养殖，包括 1 个智能水处理集装箱和 2 个标准养殖集装箱。其中智能水处理箱是该模式的核心和关键。本系统集成了水质测控、粪便收集、水体净化、供氧恒温等技术模块，可实现养殖全程可控和质量安全可控。

通过对集装箱进行改造，在其内部安装水质测控、视频监控、物理过滤、生化处理、恒温供氧等装置，对鱼类养殖全程实行精准监测、调控与管理，实现控水、控温、控苗、控料、控菌和控藻的养殖效果。

2. 系统构成

无论是陆基推水式，还是"一拖二"式的集装箱养殖系统，其构成都是由养殖箱体、曝气增氧、进排水系统、杀菌消毒系统、水质处理系统、高效集污系统、精准控制系统、出鱼捕捞、池塘生态净水等组成（图 3 - 45）。

图 3 - 45　集装箱养殖车间外观

利用集装箱养殖模式进行养殖，需要有相应的配套技术。其中包括以尾水生态处理和达标排放为目标的循环水系统标准化建设，以优质、高效、安全、适用为主要条件的养殖品种，以生态高效为目标的健康养殖技术，还有便捷化的捕捞技术、池塘生物净水技术、病害生态防控技术、残饵和粪便固体物的收集处理技术以及自动化监控技术、物联网精准控制技术、产品质量安全和品质控制技术等。

该模式非常适宜于海鲈的高密度养殖。在苗种培育时，由于它是机械增氧，溶解氧含量高，在进行高密度放养、高强度投喂时，可以短时间内大批量培育苗种。另外，该模式还非常适于分级养殖，可以实现工厂化流水线养殖生产。该模式对水中的有害物质以及其他理化生物指标进行全程监控，将疫病发生的概率降到最小。

（二）工厂化循环水养殖模式

1. 模式简介

工厂化循环水养殖模式通过一系列水处理单元，将养殖池中产生的废水经处理后再次循环回用。其主要原理是将环境工程、土木建筑、现代生物、电子信息等学科领域的先进技术集于一体，以去除养殖水体中残饵和粪便、总氨氮（TAN）、亚硝酸盐氮（NO_2^- - N）等有害污染物，达到净化养殖环境的目的；并利用物理过滤、生物过滤等手段，达到去除 CO_2、消毒、增氧、调温等目的，再将处理净化后的水体重新输入养殖池。工厂化循环水养殖模式不仅可以解决水资源利用率低的问题，还可以为养殖生物提供稳定可靠、舒适优质的生活环境，为鱼类高密度养殖提供有利条件。主要工艺流程大体可归纳如图 3 - 46 所示。

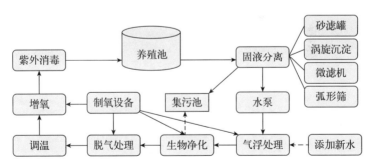

图 3 - 46　工厂化循环水养殖模式养殖水处理系统示意图

2. 系统构成

（1）养殖池　工厂化循环水养殖池的大小与形状，应根据养殖生物的需要而设计。海鲈养殖池以圆形池、方形圆角池为好，这类形状的养殖池具有水流顺畅、排污方便等特点。建设材料可以采用砖混结构，也可采用玻璃钢或 PE 塑料板（图 3-47），只要池面光滑即可。

图 3-47　养殖池（左：PE 塑料板，右：砖混结构）

　　养殖池分路排污技术是国外鱼池的主流技术，是底排与表层溢流相结合的模式，即通过底排，有效排出沉淀性颗粒物，并在鱼池上方水体表面设置多槽或多孔的水平溢流管，使漂浮于水表面的油污和泡沫被高效去除，同时还起到保持水位的作用，现已成为传统单通道底排模式的替代技术（图 3-48）。

图 3-48　排污方式（左：底排口，右：上排管）

　　（2）过滤设施　过滤是利用过滤材料去除养殖水中产生的残饵和粪便等固体颗粒物，它是循环水养殖的关键环节之一。常用的设备有漩涡沉淀分离器、弧形筛、微滤机和砂滤罐等。

① 漩涡沉淀分离器：养殖池排出的废水中含有大量的残饵、粪便等大颗粒物质，需要在前期水处理单元中将其尽可能去除，从而减小后续水处理单元的有机负荷。该分离器作为整个过滤系统的首个水处理单元，不仅可以利用离心作用、重力作用去除残饵、粪便等大颗粒物质，避免造成后续水处理单元管道的堵塞以及设备的腐蚀，而且还可降低管道局部水流损失，节约系统能耗。但过滤精度受颗粒物重量和流速的影响很大（图3-49）。

图3-49 漩涡沉淀分离器

② 弧形筛：弧形筛源于矿砂筛分的分离装置，其基本原理是斜板过滤。最常用的筛缝间隙为0.25毫米，可有效去除粒径大于70微米的固体颗粒物质。其主要特点是没有运行能耗、容易观察残饵和粪便，缺点是需要人工定期清洗（图3-50）。

③ 微滤机：微滤机是国内外循环水养殖中最常用的过滤设备，常见的有履带式和转鼓式两种（图3-51）。无论哪种方式，滤网是其主要的工作部件，其网目数（孔径）直接影响微滤机的总悬浮颗粒物（TSS）去除效率、反冲洗频率、耗水、耗能等。

滤网的目数越大，孔径越小，截流的固体物越多，但是反冲洗频率也就越高。滤网从150目增至200目时，去除率随滤网目数增

图 3 - 50 弧形筛

加而迅速提高，当滤网目数达到 200 目后，去除率不会再出现明显增加。根据去除效果与耗水、耗能三者的相互关系，微滤机选用 200 目的滤网技术经济效果最佳。微滤机带自动反冲洗装置，省时省力，便于管理。

图 3 - 51 微滤机（左：履带式，右：转鼓式）

④ 高压砂滤罐与无阀过滤器：高压砂滤罐的过滤介质是石英砂（图 3 - 52），其过滤精度小于 20 微米，但由于它运行能耗高、运行过程中水流不稳定，因此一般用于较小水体且水体透明度比较高的养殖系统。无阀过滤器的过滤具有水处理量大、处理速度快、

水质好的特点（图3-53），而且具有自动反冲洗的功能，是成鱼养殖过程中最常使用的过滤设备。

图3-52 高压砂滤罐

图3-53 无阀过滤器

⑤泡沫分离器（蛋白分离器）：通过射流器将空气（或臭氧）射入水体底部，使处理单元底部产生大量微细小气泡，微细小气泡在上浮过程中依靠其强大的表面张力以及表面能，吸附聚集在水中的悬浮颗粒物和可溶性有机物，并产生大量泡沫，最后通过泡沫分离器顶端排污装置将其去除。泡沫分离技术在去除微细小有机颗粒物等方面的优势尤为突出，因此泡沫分离器在循环水养殖系统中被广泛应用（图3-54）。

（3）生物净化 固体废弃物去除后，循环水中的水溶性物质主要以"三氮"的形式存在（氨态氮、亚硝酸盐态氮、硝酸盐态氮）。目前去除这类物质一般是用生物滤池，它是循环水养殖系统中核心设

图3-54 泡沫分离器

备，其中的生物滤料是微生物附着生长的载体，所形成的生物膜是影响生物滤池净化效率主要因素之一。现阶段生物滤池中的填料主要包括碎石、煤渣、卵石、塑料蜂窝、焦炭以及不同类型的人工合成产品等（图3-55）。

图3-55 生物滤池中的陶粒（A）及人工合成的塑料填料（B、C、D）

根据填料的不同，修建不同形式的生物净化器，关键是要能够促进生物膜的生长，也就是说微生物在净化器内要获得较长的停留时间，亚硝化细菌和硝化细菌才有足够的时间进行积累，达到对氮等营养元素良好的去除效果，另外还要能够有利于有机悬浮颗粒的捕集（图3-56、图3-57、图3-58）。生物滤器是封闭循环水处理系统投资和能耗最大的水处理单元。

（4）消毒杀菌设施 杀菌消毒是养殖水处理中的重要环节，养殖过程中产生的某些致病菌和条件致病菌不仅要消耗大量的氧气，在一定条件下还会引发鱼病。常用的消毒设备有紫外线杀菌器（图3-59）、臭氧发生器等。

（5）充气增氧设施 工厂化循环水养殖系统中，养鱼池、生物

图 3-56　填料上生长的微生物

图 3-57　滤料为淋雨式结构的净化器

过滤设备中的生物均消耗大量氧气，因此增加水体中的溶解氧含量是循环水养殖的重要环节之一。现今生产中所采用的增氧设备除罗

图 3 - 58 滤床加曝气

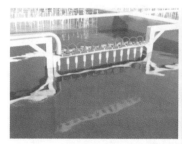

图 3 - 59 紫外线杀菌装置（左：悬挂式，右：管道式）

茨鼓风机（图 3 - 60）和漩涡式气泵外，纯氧、液态氧和分子筛富氧装置也逐渐得到推广应用。为提高氧气的利用率，使水体溶氧达到饱和或过饱和，一般采用高效氧气-水混合机、氧气锥等设备（图 3 - 61、图 3 - 62）。

　　另外，根据所养鱼类的需要，配备合理的制冷或加热设备，使之保持恒温状态，也是水处理工程中不可或缺的（图 3 - 63）。

　　水质监控系统、自动投饵系统、活鱼输送系统等配套工程，是全封闭式工厂化循环水养殖实现工艺有序、运转稳定、效率提升显著的重要环节。

图 3-60 育苗场的罗茨鼓风机

图 3-61 纯氧罐与氧气锥

　　水处理技术是循环系统的核心技术。目前多采用多个不同功能单元组合成为一个循环系统，其结果是单元过多、单体庞大、工艺复杂和造价高昂，且常因各单元间衔接不佳、运转不够稳定而影响整个系统的正常工作。为此，简化合并成1~2个处理装置，代替多个处理单元完成复杂的处理工艺，是我们今后努力的方向。

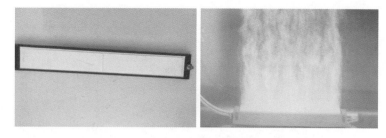

图 3-62　高效的曝气盘及曝气效果

图 3-63　热交换器

工厂化循环水养殖系统安装、调试后，在正式养殖前，还需对系统进行全面清洗、消毒，再进水培养合适的生物膜。放鱼初期，应将放养密度控制在 10 千克/米^3 以内，以避免氮、磷等无机物含量的快速升高。一旦遇到因水质指标过高而引起养殖鱼类出现不良反应时，要控制饵料投喂量，甚至暂时停喂。

传统直接排放污水的养殖模式已经不可持续，工厂化循环水养殖具有环保、高产、优质的特点，符合当前产业结构调整的要求。工厂化循环水养殖技术在保证环保生态的基础上，能保证不影响渔业产量，具有良好的发展前景。

第三节 海鲈营养与饲料

一、海鲈营养与饲料研究概况

20世纪90年代初，海鲈营养与饲料的研究基本处于空白阶段，随着海鲈养殖规模的扩大，推动了海鲈营养研究的迅速发展。1994年有学者开始对海鲈进行食性分析，进一步确认了海鲈为肉食性鱼类及其食物组成。近20年来针对海鲈营养的研究越来越细致，主要涉及蛋白质、脂类、糖类、矿物质和维生素等营养物质，以及一些添加剂和免疫制剂等。其中利用不同蛋白源替代鱼粉方面研究最多见，不同的蛋白原料具体替代鱼粉试验情况见表3-10。

表3-10 不同蛋白原料替代海鲈饲料中的鱼粉

资料来源	替代蛋白原料	配方比例（%）	对照组鱼粉（%）	鱼粉含量（%）（替代水平）	鱼初重（克）
林利民（1994）	智利鱼粉	60.8	冰冻鱼	43.3（100%）	2.1
潘勇等（2000）	豆粕	32.0	66.3	44.43（40%）	10.9～36.4
罗琳等（2005）	脱酚棉粕	30.5	45	22.5（50%）	5.0
Mai et al.（2006）	乌贼内脏粉	10	50	42（20%）	10.9
胡亮等（2010）	混合动物蛋白	20	40	20（50%）	13.3
Cheng et al.（2010）	棉粕（CP 53.6）	17.2	52	41.6（20%）	8.3
Wang et al.（2012）	猪肉粉	11.5	32	16（50%）	60.0
Li et al.（2012）	CSM 豆粕（CP 52.7）	21.0	52.0	36.4（30%）	8.3
	HVS 豆粕（CP 60.6）	27.4		28.6（45%）	
Wang et al.（2013）	鸡肉粉	48.2	40	8（80%）	8.5

（续）

资料来源	替代蛋白 原料	配方比例 （%）	对照组鱼 粉（%）	鱼粉含量（%） （替代水平）	鱼初重 （克）
Hu et al.（2013）	混合动物蛋白	16	40	24（40%）	76.3
王国霞等（2014）	豆粕	24～39	40	24（16%）	9.7
Men et al.（2014）	玉米蛋白粉	25.3	52	28.6（45%）	18.9
	辐照豆粕	36.9		16（75%）	
张艳秋等（2014）	发酵豆粕	31.7	32	24（50%）	13.0
	普通豆粕	36.4		24（50%）	
Zhang et al.（2016）	豆粕	35.9	40	16（60%）	6.0
Zhang et al.（2017）	豆粕	30	42	21（50%）	6.7
Liang et al.（2017）	发酵豆粕	11	36	27（25%）	13.3
Rahimnejada（2019）	豆粕	20.5	35	40（21%）	7.1
	枯草芽孢杆菌发酵	17.7			
	酵母菌发酵豆粕	17.7			
Wang et al.（2019）	黑水虻幼虫粉	19.2	25	9（64%）	14.1

（一）海鲈仔、稚鱼营养

国内对海鲈仔、稚鱼营养已有一定研究，主要集中在海鲈食性以及轮虫或枝角类对海鲈仔、稚鱼成活和生长的影响，但是人工配合饵料研究起步较晚。用不同饵料投喂海鲈稚鱼，摄食经过强化的饵料（卤虫无节幼体）的海鲈稚鱼可获得较高的成长率和成活率。海鲈稚鱼全长达到16毫米时能较好地摄食配合饲料。投喂商业低蛋白饲料（44.5%）与投喂卤虫和冰鲜鱼无显著差异，建议投喂低蛋白饲料。海鲈仔、稚鱼营养是饲料最为关键的部分，还有待深入研究加以完善。

（二）海鲈营养研究进展

1. 蛋白质及氨基酸

蛋白质是生命的物质基础，是所有生物体的重要组成部分。蛋白质的基本组成单位是氨基酸，鱼类对蛋白质的需求实际上是对氨基酸的需求。研究发现，海鲈幼鱼（2.10～2.60 克）蛋白质需要量为 39.9%～43.1%。海鲈幼鱼（6.26 克）最适蛋白与脂肪比为 41：12。以鱼粉和酪蛋白为蛋白源研究中后期海鲈蛋白和脂肪需要量，发现中期海鲈（34.15 克）和后期海鲈（305.06 克）蛋白需要量分别为 45.7% 和 40.23%。中期海鲈饲料蛋白为 40% 和脂肪水平为 8%，后期海鲈饲料蛋白为 40% 和脂肪水平为 12% 时，海鲈生长最好。

2. 脂类

脂类是动物体内重要能源物质，是动物体内主要的能量储备形式，脂肪分解产生的脂肪酸也能提供能量。脂肪可以节约蛋白质，提高饲料蛋白利用率，降低饲料成本。海鲈幼鱼（1.39 克）配合饲料中以蛋白质 43.62% 和脂肪 9.79% 搭配时，海鲈生长和成活效果较好。海鲈生长性能和蛋白质效率随饲料脂肪水平上升而呈现先升高后下降的趋势，而当海鲈配合饲料脂肪水平过高时，其生长性能显著下降。海鲈幼鱼饲料中添加鱼油含量为 12.69% 时能获得最佳生长性能。海鲈幼鱼饲料中最适 DHA：EPA 为 2.05；花生四烯酸（ARA）含量范围为 0.36%～0.56% 时可提高海鲈幼鱼的非特异性免疫功能。海鲈对亚麻酸的利用能力要优于亚油酸，在海鲈饲料中应添加一定量的亚麻酸。大规格海鲈（207.16 克）对 ARA 的最适需求量为饲料干重的 0.37%。

3. 糖类

糖类是人和动物所需能量的重要来源。糖类可以合成体脂肪和非必需氨基酸，对蛋白质有一定的节约作用。玉米淀粉是廉价的饲料原料，添加 17.75% 的玉米淀粉可以促进海鲈的生长。甘露寡糖和棉籽糖属于功能性低聚糖，具有补充有益菌群、改善消化道菌群平衡、提高机体免疫力的作用。

4. 矿物质

矿物质元素是水产动物营养中的一大类无机营养素，是骨骼、牙齿及软骨等的重要组成部分。钙和磷是饲料无机部分的主要成分，直接参与骨的形成。海鲈饲料中适量的磷水平能保证鱼体生长及骨骼矿化沉积。海鲈最适生长效果的磷含量为 0.68%，鱼机体获得最大磷沉积量时，海鲈幼鱼饲料中添加磷含量为 0.86%～0.90%。海鲈饲料中钙缺乏或过量均会引起脊柱畸形，建议海鲈幼鱼饲料中钙含量为 4.2～10.2 克/千克。

5. 维生素

维生素是维持动物正常生长、发育和繁殖所必需的微量小分子有机化合物。维生素分为脂溶性（维生素 A、维生素 D、维生素 E、维生素 K）和水溶性维生素（包括维生素 B 类、生物素和维生素 C 等）。海鲈幼鱼饲料中缺乏维生素，会使鱼生长速度下降、死亡率显著升高。在一定范围内，随着维生素水平的增加，海鲈增重显著提高。当以增重率为评价指标时，海鲈对饲料中维生素 A 和维生素 D 的需要量分别为 1 934.8 国际单位/千克和 431.0 国际单位/千克，海鲈饲料中维生素 E 添加量为 60 毫克/千克时，海鲈具有最佳的生长表现和肌肉脂质含量。

二、海鲈饲料中鱼粉替代研究进展

由于海鲈为肉食性鱼类，其配合饲料以鱼粉为主。随着鱼粉资源紧缺、价格上升，寻找新的蛋白源替代鱼粉势在必行。在海鲈的营养研究中，利用不同蛋白源替代鱼粉方面的研究最为丰富。

（一）动物蛋白替代海鲈饲料中鱼粉

乌贼内脏粉蛋白含量高，且具有很好的诱食效果。用乌贼内脏粉替代海鲈饲料中鱼粉（对照组鱼粉含量 50%），鱼粉降低至 42%不影响海鲈生长。用混合动物蛋白（鸡肉粉 40%，35%牛肉骨粉，20%喷雾干燥血粉和 5%水解羽毛粉）替代海鲈饲料中鱼粉（海鲈初始体重为 13.2 克），替代海鲈饲料中鱼粉的比例应小于 50%。添加必需晶体氨基酸能显著提高混合动物蛋白在海鲈饲料中的应用潜力。用 11.5%猪肉粉替代海鲈饲料中鱼粉（对照组鱼粉含量 32%，蛋白含量为 43.5%），鱼粉使用量降低至 16%，在饲料中添加必需氨基酸后（蛋白含量 42.5%），海鲈生长和饲料转化率与对照组无显著差异；低蛋白组（蛋白含量 40.1%）海鲈生长和饲料利用效率均显著低于对照组。用鸡肉粉替代海鲈饲料中鱼粉（对照组鱼粉含量 40%），鱼粉水平降低至 8% 不会对海鲈生长产生影响。用混合动物蛋白粉（鸡肉粉 40%，35% 牛肉骨粉，20% 喷雾干燥血粉和 5% 水解羽毛粉）替代海鲈饲料中鱼粉（海鲈初始体重为76.3 克），鱼粉用量从 40% 降至 24% 不会影响其生长用黑水虻幼虫粉替代海鲈饲料中鱼粉（对照组鱼粉含量为 25%），发现替代64% 鱼粉（鱼粉含量 9%）对海鲈增重、饲料转化率、成活率和形态学指数均无显著影响。替代水平 48%～64% 的鱼粉组摄食率显著高于对照组，鱼体灰分含量显著低于对照组。

　　从表 3-10 可以看出，在海鲈饲料中用不同蛋白原料替代鱼粉，对照组鱼粉的水平在 30%～50%，不同来源蛋白原料替代鱼粉水平有所不同，总体表现为动物性蛋白饲料替代鱼粉水平高于植物性蛋白饲料，但是动物性蛋白饲料来源有限，很难满足大规模的生产需要。在植物性蛋白原料中，豆粕蛋白含量高，氨基酸组成比例合理，产量稳定，价格低廉，是最具潜力的优质植物性蛋白源之一。

（二）植物蛋白替代海鲈饲料中鱼粉

1. 豆粕替代海鲈饲料中鱼粉

　　用豆粕替代海鲈饲料中鱼粉（对照组鱼粉含量 66.3%），发现海鲈生长和消化率随着豆粕替代鱼粉水平的增加而降低，替代40% 以下的鱼粉时则无明显变化，确定海鲈幼鱼饲料中鱼粉含量至少为 40%。豆粕替代海鲈饲料中的鱼粉，低蛋白豆粕替代鱼粉水平从 52% 降低至 36.4% 对海鲈生长无不良影响；高蛋白豆粕替代鱼粉水平降至 28.6%，添加晶体蛋氨酸对豆粕替代海鲈饲料中鱼粉没有影响。用豆粕替代海鲈饲料鱼粉（对照组鱼粉含量 40%），替代鱼粉水平至 16% 对海鲈生长无不良影响；补充添加晶体 DL-蛋氨酸不能进一步提高豆粕替代海鲈饲料中鱼粉的水平。用 5 种植物蛋白（豆粕、花生粕、棉粕、菜籽粕和玉米酒糟蛋白）分别替代海鲈饲料中16％的鱼粉（对照组鱼粉含量40％），豆粕对海鲈幼鱼增重率、摄食率、全鱼粗蛋白含量和前肠蛋白酶活性的影响最小。豆粕是替代16％鱼粉的适宜植物性蛋白源，其次是花生粕。豆粕替代海鲈饲料中50％的鱼粉时，对海鲈生长性能无不良影响，但会显著降低海鲈饲料效率和肠道消化酶活性；替代75％鱼粉时会显著降低海鲈生长性能和成活率，影响其肠道健康。

由于豆粕中含有胰蛋白酶抑制因子、凝集素和抗原蛋白等多种抗营养因子，因此限制豆粕在鱼类饲料中大量使用。一般情况下，随着大豆蛋白替代鱼粉水平的升高，在一定范围内对鱼类生长和饲料利用效率不会有副作用，超过这个范围则会使鱼类生长缓慢、摄食率降低、饲料系数升高、饲料营养物质消化率降低等。随着饲喂时间的延长，高水平大豆蛋白的饲料会对鱼类消化道内膜结构造成病理性损伤，影响鱼类对营养物质的消化吸收。大豆蛋白是来源最广泛的植物性蛋白原料，寻找影响鱼类对大豆蛋白利用率低的因素对于解决鱼粉替代问题，提高大豆蛋白利用效率具有非常重要的意义。

2. 不同处理豆粕在花鲈饲料中的应用

处理植物蛋白饲料中抗营养因子的方法有很多，如加热、辐照、发酵或膨化处理等。用三种豆粕（普通豆粕、发酵豆粕和辐照豆粕）替代海鲈饲料中鱼粉，发现辐照豆粕替代鱼粉效果最好，可降低海鲈饲料中鱼粉至16％，普通豆粕和发酵豆粕可降低鱼粉至24％而不影响海鲈的生长；添加牛磺酸不能提高海鲈饲料中豆粕替代鱼粉的水平。用发酵豆粕替代海鲈饲料中鱼粉（对照组鱼粉含量36％），发现替代25％鱼粉对海鲈生长和饲料效率无显著影响，随着替代水平的增加，海鲈生长和饲料效率显著降低，75％替代水平时海鲈成活率显著降低。用普通豆粕和两种发酵豆粕（菌株分别为枯草芽孢杆菌和蛙源酵母菌）替代海鲈饲料中鱼粉，发现三种豆粕替代40％鱼粉对海鲈生长和饲料效率均无不良影响，替代80％的鱼粉可显著降低花鲈生长和饲料效率。其中用枯草芽孢杆菌发酵豆粕替代鱼粉效果优于其他两种豆粕，可以提高海鲈饲料利用率、抗氧化能力和非特异性免疫反应，减轻由豆粕替代鱼粉而引起的肠道损伤。

3. 其他植物蛋白替代海鲈饲料中的鱼粉

用脱酚棉粕替代海鲈饲料鱼粉，鱼粉降低至 22.5% 不会影响海鲈生长、消化及鱼体成分组成。用棉粕替代海鲈饲料中鱼粉，鱼粉水平降低至 41.6% 对海鲈生长和饲料效率没有影响，随着棉粕替代水平的增加，海鲈生长和饲料效率显著低于对照组。用玉米蛋白粉替代海鲈饲料中 60% 的鱼粉，对海鲈生长无不良影响。随着替代水平的增加，海鲈特定生长率和摄食率呈降低趋势，饲料系数逐渐增高。

4. 混合蛋白替代海鲈饲料中鱼粉对海鲈肠道的影响

用复合蛋白 KT67（由蝇蛆、微生物和培养材料发酵而成的新型蝇蛆复合蛋白原料）替代海鲈饲料中鱼粉，发现复合蛋白 KT67 替代水平超过 40% 时，会降低海鲈生长性能和饲料利用效率；替代鱼粉水平达到 60% 以上时，会对肠道组织造成损伤，影响肠道对营养物质的消化吸收。当复合蛋白 KT67 高水平替代饲料中鱼粉时，肠道促炎因子基因表达量升高，抗炎因子基因表达量相应降低，导致肠道细胞因子失衡，引起肠道黏膜损伤。复合蛋白 KT67 替代鱼粉后不会改变海鲈肠道菌群多样性，但会对其菌群结构产生影响，即菌群占比发生改变。用混合植物蛋白（大豆浓缩蛋白和棉籽浓缩蛋白按照 1∶1.66 的比例混合）替代海鲈饲料中鱼粉，发现海鲈可以摄食全植物蛋白饲料，但生长性能、饲料利用率、肝脏抗氧化能力和免疫能力显著下降，肝脏胆固醇蓄积形成脂肪肝并出现炎症反应，海鲈通过自身调节机制使其脂肪肝未向纤维化转变。

三、海鲈饲料配方及营养需求

海鲈作为肉食性鱼类，对饵料的营养水平要求很高。

（一）海鲈开口饵料

海鲈仔鱼的开口饵料通常是微藻、轮虫和枝角类。微藻是轮虫的主要食物来源，它将基本的营养物质传递给轮虫，丰富和改善轮虫中相关脂肪酸的组成。例如用金藻强化轮虫，可以使其 DHA 的含量升高及 EPA 的含量降低，保证相对恒定的脂类水平，同时可提高轮虫的孵化率和生物量。另外微藻的加入能增加仔鱼的食欲，可提高仔鱼的生长率和存活率。同时，微藻被仔鱼摄食后会开启它的消化过程，建立一个早期消化道菌群的微环境，有利于仔鱼的存活和生长。海鲈稚鱼阶段饵料以"水蚤"为主，包括轮虫和枝角类。目前已开发出微颗粒配合饲料，蛋白含量更高，氨基酸、脂肪酸、维生素和矿物质等营养配比更合理，完全可以替代"水蚤"。投喂微颗粒配合饲料的海鲈稚鱼，其生长速度和免疫力更胜过投喂"水蚤"的海鲈稚鱼。

（二）海鲈饲料配方

1. 蛋白质和氨基酸添加

蛋白质是鱼类生长和维持生命所必需的营养成分，它不仅参与体内组织的构成，也对酶和激素的组成起着重要的作用，同时也是饲料成本中占比最大的部分。海鲈达到最大生长速度所需的蛋白质含量为 40%～45%。

鱼类从饲料中获得的蛋白质，最终被消化成肽、氨基酸等小分子化合物才能被吸收转化为鱼体本身的蛋白质。海鲈幼鱼饲料中最适赖氨酸含量为 2.49%～2.61%（饲料干重百分比，下同）。海鲈幼鱼对饲料中亮氨酸的需求量为 2.38%，异亮氨酸的需求量为 1.94%，缬氨酸的需求量为 2.11%，组氨酸的需求量为 0.54%。海鲈生长前期对饲料中苏氨酸的需要量为 1.77%～1.88%，苯丙氨酸的需要量为 1.26%～1.30%；生长后期对饲料中苏氨酸的最适需求量为 1.83%～1.87%。

2. 脂肪和脂肪酸添加

饲料中适宜的脂肪含量可以促进海鲈的生长，随着海鲈的生长，其对脂肪的需求量增加。饲料中脂肪的适宜添加量从小规格时的 7.22%，可增加到大鱼时的 10.5%。

饲料中适量的 DHA 与 EPA 比例（1.53～2.44）能显著促进海鲈幼鱼的生长，提高其免疫功能和抗应激能力。亚麻酸和亚油酸的含量也显著影响海鲈幼鱼的生长性能、非特异性免疫力及机体脂肪酸组成。当鱼油和亚麻油以 2：1 混合使用时，可提高海鲈幼鱼的生长性能及非特异性免疫力。而当以豆油为主要脂肪源时，海鲈幼鱼的生长性能及非特异性免疫力有所降低。大规格海鲈的饲料中适量的二十碳四烯酸（0.37%～0.60%）、亚麻酸（2.03%～3.18%）能够显著提高其的生长性能、抗氧化能力及肝脏健康水平，能够对其脂肪酸组成、脂肪沉积造成一定的影响。

3. 碳水化合物添加

饲料中添加一定量的碳水化合物（玉米淀粉）可以促进海鲈的生长，海鲈中鱼（34 克）和大鱼（343 克）饲料中碳水化合物的适宜添加量分别为 17.75% 和 22.37%。随着海鲈的生长，其对碳水化合物的耐受能力也逐渐增强。

4. 维生素的添加

海鲈幼鱼（2.26 克）获得最大生长时对饲料中维生素 D 的需求量为 431.0 国际单位/千克。饲料中的烟酸能显著提高海鲈的存活率，海鲈每千克饲料中烟酸最适需要量为 22.17 毫克。饲料中肌醇含量对海鲈存活率没有显著影响，但却能显著提高海鲈的增重率（WG）、特定生长率（SGR）和饲料效率（FE）。海鲈的 WG、SGR 和 FE 随着饲料中肌醇含量的升高而显著上升。分别以海鲈的增重率和肝脏肌醇含量为评价指标，得出海鲈每千克饲料中肌醇的需求量为 261.22 毫克和 317.20 毫克。分别以海鲈增重率和肝脏胆碱含量为评价指标，得出海鲈每千克饲料中胆碱的需求量分别为929.40 毫克和 1 013.35 毫克。

海鲈对维生素的需求量与其体重有关（表 3-11）。

表 3-11　海鲈对维生素的需求量（每千克饲料）

体重 （克）	维生素 A （国际单位）	维生素 E （毫克）	维生素 B₆ （毫克）	维生素 C （毫克）	生物素 （毫克）	氯化胆碱 （毫克）
28.4～30.2	4 000～7 000	150	20	1 000	1～3	1 000～2 000
150.1～156.6	4 000	200	40	1 000～1 500	1	2 000

5. 矿物质添加

海鲈饲料中适宜的钙磷比为 1:3.75。低钙低磷对海鲈渗透压调节能力较弱，不利于渗透压平衡的维持。饲料钙磷水平变化时，海鲈可通过鳃盖骨和鳞片中钙磷库来维持体内钙磷的平衡，其中鳞片是参与机体矿物质平衡调节的活跃位点。

根据生长、免疫和沉积指标判断，海鲈每千克饲料中添加 3.5 毫克铜和 500 毫克维生素 C 时，鱼体生长性能最好，肝脏的铜积累量较低，免疫功能得到提高。

关于海鲈幼鱼（2.24 克）对微量元素锌的需求，分别以特定生长率与骨骼锌含量为评价指标，得出海鲈对每千克饲料中锌的需求量分别为 53.2 毫克和 87.6 毫克。以特定生长率为评价指标，得出海鲈幼鱼（1.52 克）每千克饲料中铁的需求量为 95.2 毫克。以体重为 214 克的海鲈为研究对象，以特定生长率为评价指标，得到海鲈生长中期每千克饲料中硒的最适需求量为 0.63 毫克。9 克的海鲈幼鱼每千克饲料中添加 5 毫克的铬显著提高了海鲈的生长性能和饲料转化率。

6. 功能性饲料

鲈鱼配合饲料国家标准（GB/T 22919.3—2008）已于 2009 年公布并实施，在此基础上科研人员相继开发出海鲈饲料添加剂功能性产品，见表 3-12。

表 3-12 海鲈饲料添加剂功能性专利产品

序号	年份	专利名称	状态
1	2012	一种海鲈饲料诱食剂及其制备方法	授权
2	2014	一种防治海鲈体表溃烂病的天然物饲料添加剂及其制备方法	授权
3	2014	海鲈饲料配方	受理
4	2015	一种海鲈抗应激保健配合饲料	授权
5	2015	一种海鲈无鱼粉高效安全配合饲料	授权
6	2016	一种资源化利用海蓬子的低鱼粉海鲈膨化配合饲料	受理

（续）

序号	年份	专利名称	状态
7	2016	一种改善海鲈肌肉品质的配合饲料及其制备方法	受理
8	2018	一种诱食性好的环保型海鲈膨化饲料及其制备方法	受理
9	2018	修复海鲈肝细胞肿大的功能添加剂和功能饲料及其制备方法和应用	受理
10	2018	一种改善花鲈肝脏线粒体功能的复合型饲料添加剂	受理
11	2018	一种缓解海鲈内质网应激的饲料添加剂及其制备方法与应用	受理
12	2018	一种提高高脂胁迫下海鲈肝脏线粒体功能的饲料添加剂及其制备方法与应用	受理
13	2019	可降低腹部脂肪和减少氮磷排放的海鲈饲料及其制备方法	受理
14	2019	防治海鲈体表溃烂病的饲料添加剂	受理

四、海鲈饲料加工与养殖效果

（一）海鲈饲料加工

1. 原料

海鲈为肉食性鱼类，其配合饲料中饲料配方原料包括蛋白原料、油脂原料、碳水化合物原料、维生素原料和矿物质原料等。蛋白原料包括鱼粉、虾粉、酵母水解物、肉粉、喷雾干燥血球蛋白粉、豆粕、棉籽蛋白、玉米蛋白粉、水解羽毛粉等。油脂原料包括鱼油、植物油脂、动物油脂等。碳水化合物原料包括高筋面粉、木薯淀粉、玉米淀粉等。维生素原料包括各种维生素和功能性物质。矿物质原料包括磷酸钙、食盐、骨粉等。

2. 海鲈饲料加工工艺

海鲈饲料普遍使用挤压膨化配合饲料工艺（图 3 - 64），包括原料初粉碎、一次混合、超微粉碎、二次混合、调质、制粒、烘干、喷涂、冷却、筛选、包装等工艺流程（图 3 - 65）。

图 3-64　粤海鱼苗料及海水鱼膨化饲料

图 3-65　海鲈挤压膨化配合饲料生产工艺流程图

（二）饲喂效果实例

统计部分投喂广东粤海饲料集团生产的海鲈饲料投喂结果，供养殖户、养殖企业参考。

从表 3-13、表 3-14 中可以看出，头批出鱼规格在 0.25～0.54 千克/尾，尾批出鱼规格在 0.55～0.89 千克/尾。头批鱼饵料系数在 1.11～1.26，尾批鱼饵料系数为 1.13～1.32。头批鱼出鱼规格小于尾批鱼出鱼规格；头批鱼饵料系数总体低于尾批鱼饵料系数，可能与养殖时间长短、季节和养殖环境温度有关。整体出鱼饵料系数较低，经济效益较高。

表 3 - 13　2018 年 7—9 月粤海海鲈头批鱼饵料系数

养殖户	地址	饲料品牌	出鱼时间 （月／日）	出鱼规格 （千克/尾）	出鱼量 （千克）	总用料量 （包）	饵料系数
彭××	昭信	海荣	7.24	0.35	20 075	1 110	1.11
罗××	朝阳	粤海	8.30	0.48	22 405	1 248	1.11
黄××	朝阳	粤海	8.19	0.46	21 315	1 202	1.13
陈××	东湖	粤海	8.11	0.25	14 089	796	1.13
黄××	新环	粤海	9.5	0.54	42 220	2 405	1.14
郭××	东湖	粤海	7.9	0.25	15 575	890	1.14
罗××	朝阳	粤海	8.1	0.43	19 005	1 100	1.16
陈××	东湖	粤海	9.7	0.53	30 311	1 755	1.16
周××	朝阳	粤海	8.8	0.45	31 225	1 862	1.19
吴××	朝阳	粤海	8.24	0.46	25 433	1 541	1.21
梁××	六乡	粤海	9.6	0.54	24 155	1 490	1.23
谭××	昭信	粤海	8.2	0.45	31 075	1 950	1.26

注：1 包＝20 千克。

表 3 - 14　2019 年 3—4 月粤海海鲈尾批鱼饵料系数

养殖户	地址	饲料品牌	出鱼时间 （月／日）	出鱼规格 （千克/尾）	出鱼量 （千克）	总用料量 （包）	饵料系数
林××	东湖 1	粤佳	4.25	0.73	19 575	1 105	1.13
黄××	灯笼	粤海	3.22	0.68	37 425	2 193	1.17
梁××	昭信	粤海	4.28	0.73	58 995	3 508	1.19
梁××	昭信	粤海	3.27	0.68	38 462	2 320	1.21
梁××	昭信	粤海	4.17	0.55	51 378	3 102	1.21
林××	东湖 2	粤佳	4.30	0.74	32 275	1 985	1.23
吴××	新环	海轩	3.18	0.89	32 268	2 002	1.24
卢××	朝阳	粤海	3.23	0.81	36 290	2 254	1.24
钟××	昭信	粤佳	4.9	0.70	46 800	2 910	1.24
罗××	昭信	粤海	4.27	0.70	36 178	2 270	1.25
周××	朝阳	粤海	3.6	0.65	46 625	2 928	1.26
罗××	白石 1	粤海	3.13	0.88	41 175	2 598	1.26
梁××	昭信	粤海	3.17	0.72	53 788	3 452	1.28
郭××	朝阳	粤海	5.1	0.65	39 075	2 536	1.30

（续）

养殖户	地址	饲料品牌	出鱼时间 （月·日）	出鱼规格 （千克/尾）	出鱼量 （千克）	总用料量 （包）	饵料系数
罗××	白石 2	粤海	3.13	0.89	34 766	2 292	1.32
吴××	朝阳	粤海	4.22	0.75	34 075	2 248	1.32

注：1 包＝20 千克。

（三）科学投喂

海鲈虽然食性凶猛，但其肠道较短，过量投喂容易导致肠胃消化功能紊乱；投喂过少容易出现鱼体规格不均匀，影响上市效益。因此，需要根据海鲈每个生长阶段不同的投喂率进行投喂，最大限度降低发病率。笔者总结多年养殖海鲈的经验，投喂量可依照下式计算：

日投喂量＝（初始重量＋累计投喂量÷阶段料比－累计死亡量）×投喂率

坚持定期采样评估海鲈的体重，然后按照表 3－15 进行投喂。

表 3－15　海鲈投喂量调整表

规　　格	阶段料比	投料率	投喂量调整频率
50～100 克	0.8	2.55%～3%	5 天
100～150 克	0.9	2.15%～2.55%	
150～200 克	0.95	1.75%～2.2%	10 天
200～250 克	1	1.5%～2%	
250～300 克	1.05	1.35%～1.85%	
300～350 克	1.05	1.3%～1.6%	15 天
350～400 克	1.1	1.25%～1.55%	
400～500 克	1.15	1.2%～1.4%	
500～600 克	1.25	1.05%～1.25%	
600～750 克	1.25	0.95%～1.1%	30 天
750 克以上	1.3	0.8%上下浮动	

第四节　海鲈病害控制与防治技术

海鲈生命力顽强，具有很强的环境耐受能力，但由于养殖密度增加、种苗退化、池塘老化等因素客观存在，海鲈病害也逐年增加。如不及时处理，会造成大批量的海鲈死亡，造成巨大的经济损失。因此，很有必要对病害的原因、发病机理和常见的病害有基本的认知，才能最大限度地规避养殖风险。

一、发病原因

鱼类发病的原因是多样的，但归根到底是受三大因素的共同影响——环境、病原和机体抵抗力，其致病机理又称为"三元理论"（图3-66）。"三元理论"能在生产中帮助我们理清病害应对思路，具有很强的指导意义。

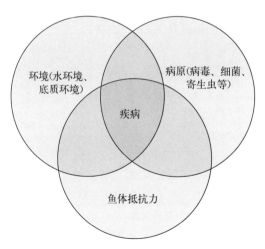

图 3-66　鱼病的发生及其影响因素

海鲈的发病原因由以上三个因素共同决定，任意其中一个因素或两个因素组合的影响，都可能会使花鲈表现出亚健康状态，此时就需要进行预防处理。

二、鱼病预防

海鲈病害防治的总体思路：控制病原微生物、改善鱼的生活环境和增强鱼的机体抵抗力。具体措施介绍如下。

1. 彻底清淤消毒

池塘经过一个养殖周期后，塘底积聚了大量的底泥，底泥中有大量的腐殖质、粪便、残渣等大量未分解的物质，细菌、病毒、寄生虫及其卵、真菌及其孢子等微生物大量存在。如果没有彻底消毒，直接进水后继续进行养殖生产，这些未彻底死亡的病原微生物很快又会恢复生长，无形中埋下了一个隐形的"定时炸弹"。特别是经过一段时间的养殖，中后期底质酸化严重，微生物繁殖旺盛，暴发病害的概率大大增加。因此在开始下一养殖周期前，应进行推塘、翻耕底泥并进行暴晒，然后进水，再使用生石灰、漂白粉100～200千克/亩碱化塘底，彻底消毒。也可采用生物泡塘底的方法，进水后施用枯草芽孢杆菌500克/亩。

2. 定期调水

海鲈每天大量摄食后能产生大量的粪便，这些粪便需要很长的时间才能完全分解，当粪便的量超过水体自净能力时，其氨氮、亚硝酸盐含量将会超标，影响鱼的呼吸及泌氨功能，进而影响鱼的抵抗力，导致病害发生。

"养鱼先养水"，优质的水环境可以促进鱼生长、增加鱼摄食量、提高饵料利用率、降低发病率、节省养殖成本。调水时可用氨基酸培水液、腐殖酸钠、粤海利生素、EM菌、光合菌、沸石粉等调水产品，调节水体透明度及水色，维持水体菌藻平衡。

如广东部分池塘出现亚硝酸盐严重超标问题，采用"停料＋改底"的方式，连续使用三天"粤海501"和"粒粒氧"，使池塘亚硝酸盐含量明显下降（图 3 - 67）。

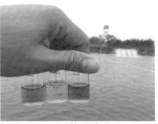

处理前　　　　　　　　　　　　处理后

图 3 - 67　使用"粤海 501"和"粒粒氧"降低亚硝酸盐含量

3. 定期消毒、杀虫

由于海鲈养殖密度高、水体交换少、粪便多，寄生虫极易繁殖，需要定期取样镜检（图 3 - 68），观察寄生虫的繁殖情况，定期杀虫。杀虫后翌日消毒，确保虫体死亡，巩固杀虫效果。

图 3 - 68　鱼类疾病解剖检查

三、常见的海鲈病害

（一）病毒性疾病

1. 黑身病

黑身病是严重影响海鲈苗种期成活率的一种病毒病。由于病鱼"黑身"症状非常明显，故命名为"黑身病"（图 3 - 69）。

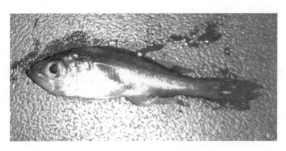

图 3-69　海鲈黑身病

【病原】神经坏死病毒。

【症状表现】身体发黑，独游，活力差，随手可捞，病鱼死亡前会有侧身游动、打转、跳跃行为；解剖观察肝脏发黄，肠胃无食物，脾脏肿大，肾脏发暗；组织病理切片发现脑、眼组织空泡化，脑组织坏死；经 PCR 检测为神经坏死病毒。

【致病机理】病毒攻击病鱼脑部神经系统，致使病鱼无法正常保持平衡，故有侧身游动、跳跃现象；血液供氧不足，导致身体发黑。

【处理方法】目前没有特效药，该病暴发严重时会导致全塘的鱼死亡。临床上采用停料、增氧、抗应激等方法减少死亡量。

2. 虹彩病毒病

【病原】真鲷虹彩病毒。

【症状表现】患病鱼体质差，独游，活力差，体表无明显细菌感染症状，伴有侧身打转、跳跃行为；解剖发现脾脏异常肿大，肝脏发黄或发白，肠胃无食物，肾脏肿大（彩图 37）。

【处理方法】目前无特效药，临床上采用停料、增氧、消毒（聚维酮碘）、抗应激等方法减少死亡量。

（二）细菌性疾病

1. 海鲈内脏白点病

海鲈内脏白点病目前已知病原为诺卡氏菌和爱德华氏菌，其中鰤诺卡氏菌导致的内脏白点病是近年来海鲈养殖的主要病害，死亡率高，易复发，严重危害海鲈的养殖效益。爱德华氏菌引起的内脏白点病早期临床症状和鲕诺卡氏菌引起的内脏白点病非常相似，但两者还是有非常细微的差异。爱德华氏菌感染导致的内脏白点，其患病部位摸起来比较光滑，而鲕诺卡氏菌感染导致的患病部位则非常粗糙，后期患病部位器官坏死，生成结节。

诺卡氏菌引起的内脏白点病是近年来海鲈养殖的主要病害，严重危害海鲈的成活率（彩图 38）。

【病原】鲕诺卡氏菌。

【症状表现】患病鱼体表出血，真皮下形成脓疮，肾脏、脾脏出现白芽粒结节。发病初期病鱼离群，缓游于水面，体表无明显异常，偶见出血，解剖鱼体会发现脾脏、肝脏、肾脏出现白点，继而出现结节、脓包。

【致病机理】病原菌通过血液循环到达各器官并固着于各器官组织，逐渐生成菌丝体导致出现结节。

【处理方法】使用碘或氯制剂连续消毒 3 天，内服敏感药（恩诺沙星、阿莫西林、硫酸新霉素、磺胺嘧啶等）＋护肝中药（鱼虾肝胆舒等）＋维生素 K_3 粉 5 天。爱德华氏菌感染所致的白点病比较容易处理，死亡率也不高，不易复发。

【预防措施】保持水质稳定，定期内服保健药物确保鱼体肝脏健康。

2. 肠炎

肠炎是海鲈养殖较常见的一种病害（彩图 39），夏秋季高温期易发。肠炎的发生往往和投喂、水质、底质有很大的关系。

【病原】点状气单胞菌、弧菌、爱德华氏菌感染均可导致。

【症状表现】肛门红肿，轻压有淡黄色或淡白色液体流出，鳍条皮下出血，肠壁充血发红，肠内无食，肠道有淡黄色或白色液体，腹腔有腹水。

【处理方法】外用碘制剂或氯制剂消毒，内服敏感药（氟苯尼考、盐酸多西环素、硫酸新霉素、阿莫西林等）＋三黄粉＋维生素 K_3 粉。

【预防措施】定期消毒、改底，保持水质稳定，稳步投喂。

3. 烂鳃病

高温期常见的一种细菌病害（彩图40）。

【病原】黏球菌、柱状屈挠杆菌感染均可导致。

【症状表现】患病鱼离群独游，行动迟缓，反应慢；体色发黑；鳃丝发白、贫血，局部腐烂，鳃盖糜烂成不规则的透明小窗，俗称"开天窗"；皮下出血，最终因呼吸困难而死亡。

【处理方法】外用戊二醛＋苯扎溴铵或二溴海因＋硫酸铜连续处理3次，内服敏感药（庆大霉素、恩诺沙星、硫酸新霉素、阿莫西林、氟苯尼考、盐酸多西环素等)＋多维＋维生素 K_3 粉。

【预防措施】保持水质稳定，定期消毒、杀虫和改底。

4. 皮肤溃烂病

死亡率比较高的一种病害。

【病原】气单胞菌（包括嗜水气单胞菌、温和气单胞菌、豚鼠气单胞菌等）感染伤口所致。

【症状表现】患病鱼离群独游，不摄食，体色加深，鳞片脱落，皮下出血，肛门发红，头颅两侧、鳍下、尾部出现红点，继而发生溃疡，直至整个部位溃烂掉；内脏器官病变明显，肝脏、脾脏、肾脏均有不同程度的肿大、充血现象。病鱼最终因器官衰竭而死亡。

【处理方法】高锰酸钾药浴或外用硫醚沙星和碘制剂消毒，连续处理3～5天；内服药物（复方新诺明、庆大霉素、氟苯尼考、恩诺沙星、盐酸多西环素等）。

【预防措施】拉网、分筛时注意防应激，过筛后及时消毒处理。

5. 链球菌病

【病原】链球菌。

【症状表现】眼球凸出，眼球出血，鳞片脱落，解剖发现肝脏、脾脏肿大。水质恶劣、高温期死亡量大（彩图41）。

【处理方法】外用聚维酮碘消毒，内服敏感药物（磺胺二甲嘧啶、氟苯尼考等）＋护肝中药。

【预防措施】定期消毒，保持水体清爽、稳定。

（三）真菌病

1. 水霉病

水霉病是常见的真菌性病。

【病原】水霉菌，显微镜下可见发达的菌丝。

【症状表现】伤口被水霉菌感染后，呈现白色的棉絮状的"白毛"（彩图 42）。水霉菌的菌丝深入寄生至组织内，腐蚀健康的组织；其产生的孢子游动在水体中，进而感染其他有伤口的鱼。被感染的鱼最终因皮肤溃烂、消瘦、食欲不振、内脏器官衰竭而死。

【处理方法】外用五倍子、硫醚沙星＋碘、小苏打＋盐等方法连续处理 3~5 次，内服敏感药（硫酸新霉素、五倍子、氟苯尼考等）＋多维＋免疫多糖。

【预防措施】水温低时尽量避免拉网、过筛等操作，拉网后及时消毒处理伤口，定期杀虫。

2. 鳃霉病

【病原】鳃霉菌（图 3-70）。

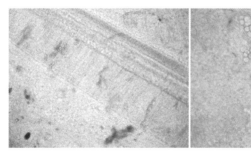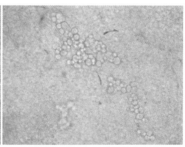

图 3-70　鳃霉菌

【症状表现】鳃霉菌感染鳃丝，显微镜下鳃霉菌呈链球状，病鱼呼吸困难，鳃丝发白、贫血，严重时鳃局部溃烂。

【处理方法】外用五倍子、硫醚沙星、碘、苯扎溴铵＋戊二醛、小苏打＋盐等方法处理，内服免疫增强剂。

（四）寄生虫病

1. 指环虫病

指环虫病是目前海鲈养殖中比较棘手的寄生虫病，指环虫对很多常用的杀虫剂都有耐药性，临床上很难彻底杀灭。

【病原】菇茎指环虫和逆转指环虫等（图3-71）。

【症状】鳃丝受损，贫血，黏液增多，肿胀，局部溃烂。病鱼呼吸困难，游边，体质差，最终因呼吸障碍及其他并发症而死亡。

【处理方法】甲苯咪唑、辛硫磷、敌百虫均有一定的杀灭作用，另外苦谏、苦参、贯众等中药对病原也有一定的抑制作用。

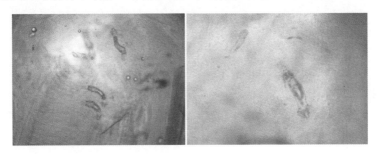

图3-71 指环虫

2. 斜管虫病

斜管虫病也是海鲈常见的一种寄生虫病，冬春季节易暴发。

【病原】斜管虫（图3-72）。

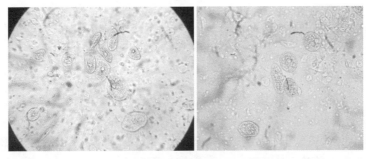

图3-72 斜管虫

【症状】斜管虫大量寄生时刺激鱼体体表和鳃分泌大量黏液，体表形成苍白色或淡蓝色的一层黏液层，鳃组织受到严重破坏，病鱼呼吸困难，鱼种、鱼苗阶段尤为严重。病鱼食欲减退，消瘦发黑。镜检鱼鳃及体表，能见斜管虫病原体。病鱼侧卧岸边或漂浮水面，不久即死亡。

【处理方法】初发现时可立即使用 0.2 毫克/升的硫酸铜处理，发现寄生虫较多时使用福尔马林 2 毫克/升处理效果较好。

3. 车轮虫病

【病原】车轮虫和小车轮虫（图 3 - 73）。

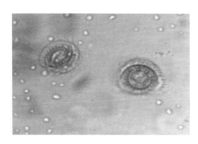

图 3 - 73　车轮虫

【症状表现】虫体以病鱼的鳃组织和皮肤作为营养来源，鳃组织受刺激分泌过多黏液，严重时鳃组织溃烂，影响鱼正常的呼吸及生理活动。病鱼消瘦，游泳缓慢，最终死于呼吸障碍及其他并发症。

【处理方法】

方法 1：硫酸铜和硫酸亚铁合剂，比例为 5∶2，每立方米水体用硫酸铜 0.5 克，硫酸亚铁用 0.2 克。

方法 2：每立方米水体使用 1% 阿维菌素 1 毫升。

方法 3：使用"车轮速杀"或"车轮速灭"，其用量根据厂家说明。

4. 小瓜虫病

【病原】刺激隐核虫。

【症状表现】病鱼消瘦，呼吸困难，鳃丝黏液分泌多，局部溃烂。

【处理方法】

方法 1：使用硫酸铜 200 克/亩全池泼洒，连续使用 3 天。

方法 2：98％晶体敌百虫吊在增氧机附件上，每 3 亩水体使用 1 瓶。

方法 3：使用"虫虫草""小瓜敌杀"等中药驱虫药，每立方米水体用 0.1 克。

方法 4：使用醋酸铜 250 克/亩全塘泼洒。

方法 5：使用 30％过氧化氢溶液 300 毫升/亩，连续处理 5～7 天。

小瓜虫病可以交叉使用以上方法。

5. 锚头鳋病

【病鱼】锚头鳋。

【症状表现】锚头鳋主要寄生在鱼体表，肉眼可见虫体，病灶部位出现红点。病鱼烦躁不安，摄食受影响。

【处理方法】

方法 1：使用"钉虫杀手"，用量为 30 毫升/亩。

方法 2：使用"锚头鳋专用"，用量为 30 毫升/亩。

所有寄生虫病使用对应的杀虫剂或驱虫剂后，翌日及时使用粒状的二溴海因、溴氯海因、二氧化氯泡腾片、"粤海 501"等产品，辅助杀灭从鱼体脱落的寄生虫或生存在水体底部的寄生虫卵。

（五）其他病害

1. 游水综合征

游水综合征是海鲈养殖中后期危害较大的综合性病害，病害发生时往往伴随大量寄生虫感染、水质恶化（氨氮、亚硝酸盐严重超标）。气压低、天气闷热的时候该病更易暴发。

【病因】大量寄生虫感染；氨氮、亚硝酸盐含量超标，水色混浊，溶氧低。

【症状表现】病鱼体质弱，游边，离水即死。处理不及时会导致大量死亡。

【处理方法】第一步：使用葡萄糖 5 千克/亩，增强鱼体抵抗力；第二步：使用过碳酸钠或过氧化钙 5 千克/亩增氧，间隔 6 小时后视情况再用一次；第三步：使用硫酸铜 0.5 千克/亩＋强氯精

0.5 千克/亩。

2. 肝胆综合征

【病因】不明，可能是饲料中营养过剩或投喂过量。

【症状表现】肝脏严重脂肪化、纤维化，形成"花肝"（彩图43），肝功能受阻，影响消化吸收及摄食。

【处理方法】外用"五黄精华液"泼水，每3亩水体使用1瓶，连续使用3天；内服多维＋"鱼虾肝胆舒"，每包拌80千克饲料，连续使用7天。

3. 水华

【原因】主要是水体营养失衡，氮磷比例严重失调，蓝藻、裸藻、甲藻等大量繁殖成为水体优势种群。

【蓝藻水华的处理方法】第一步：使用硫酸铜250克/亩在下风口连续处理2～3次，杀灭部分蓝藻；第二步：使用EDTA二钠100克/亩或硫代硫酸钠1千克/亩＋腐殖酸钠2.5千克/亩解毒；第三步：使用EM菌2升/亩或高浓度芽孢杆菌（商品名：富水美）200克/亩＋红糖10千克/亩（彩图44）。

【裸藻、甲藻水华的处理方法】使用50%的过硫酸氢钾复合盐在下风口杀灭裸藻、甲藻，翌日使用沸石粉5千克/亩＋高浓度芽孢杆菌（商品名：富水美）200克/亩分解死藻，也可以排出底水20厘米；第三天采用腐殖酸钠5千克/亩＋红糖5千克/亩＋EM菌2升/亩处理；连续3天在晚上撒"粒粒氧"，确保底部溶氧充足。

4. 营养性疾病

投喂发生霉变的饲料或高脂饲料会造成海鲈肝脏发生病变，如肝脏颜色变浅、"花肝"，以及腹腔脂肪颜色发生变化。在饲喂过程中要注意及时调整饲料配方，预防海鲈因营养过剩或脂肪氧化等发生疾病。病变图参见彩图45至彩图48。

第四章 海鲈绿色高效养殖案例

第一节　珠江口海鲈池塘养殖模式案例

一、珠海市斗门区海鲈池塘养殖模式

（一）珠海市斗门区海鲈池塘养殖产业概况

珠海市斗门区地处珠江出海口，属南亚热带季风湿润气候区，西江水系的 8 条入海径流有 5 条流经斗门，其境内江河密布，过境水量丰富，又濒临南海，海潮与内陆水交汇，形成了独特的淡咸水地带，历来盛产各种鲜美的水产品，所产花鲈尤为肥美。珠海市斗门区从 20 世纪 80 年代开始人工养殖花鲈，为了区别当时盛行养殖的加州鲈等淡水鲈鱼，养殖农户称之为"海鲈"。如今斗门区以白蕉镇为主的海鲈养殖区，逐渐发展成为全国最大的海鲈生产基地。

珠海市斗门区养殖的海鲈苗种主要来源于福建地区的人工苗种，还有少量的广东阳江的苗种以及山东的海捕苗种。近年来，以珠海市斗门区河口渔业研究所为代表的本地科研单位和企业，开始进行海鲈人工淡化育苗的工作，包括从受精卵孵化到苗种的淡化培育。本地培育的海鲈苗种，表现出更好的适应性和成活率，深受当地养殖户的欢迎。

珠海河口区海鲈苗种的供应具有明显的季节性，一般每年的12 月到第二年 3 月，可投放人工孵化苗，第二年的 3—4 月可投放海捕野生苗。在正常投喂下，一般当年可以达到上市规格。根据海鲈上市（出鱼）的时间段，一般有早、中、晚三批海鲈养殖模式。在每年8月底到10月1日上市的海鲈，一般称作早批鱼；10月到第二年4月鱼苗投放结束前上市的海鲈为中批鱼；第二年5月到8月底上市的为晚批鱼。当然也有些养殖户，因为鱼价、资金等原因，甚至将晚批鱼拖到9月上市，形成早、晚批鱼（新、旧鱼）同时上市的局面。

养殖户一般根据自身生产计划和市场预期，选择海鲈养殖模式。早批海鲈养殖模式一般在12月就开始投放第一批次的鱼苗，投放密度一般为5 000～6 000尾/亩。通过低密度和保温措施，可保证海鲈能够早批上市。中批海鲈养殖模式在时间跨度上可选择性较大，投放密度一般为1万尾/亩，正常早晚两次投喂，10个月能够达到上市规格。晚批海鲈养殖模式中，鱼苗投放量一般为1万尾/亩，通过中后期的控制投喂，人为延长养殖周期，避免集中上市时价格不高影响经济效益。

（二）案例与效益分析

1. 养殖池塘的基本条件

养殖海鲈的池塘应水源良好、进排水方便、池塘保水能力好、底质平整。如能够通过水闸自然进、排水，则池底向排水口倾斜，比降一般为0.3%～0.5%。

池塘面积一般为3 000～8 000米²，最适面积4 500～6 500米²，池塘的长宽比以5∶3为宜，这样有利于饲养管理和拉网操作；水深2～3米较适宜，过浅不利于海鲈生长，过深不利于日常管理。

养殖池塘要具备良好的电力系统和交通条件，供电稳定，交通便利。养殖池塘需按照1～1.5千瓦/亩的增氧功率配备增氧机，以外还需配备自动投料机和大功率水泵等常用设备（图4-1）。

2. 养殖池塘的准备工作

（1）池塘清淤　珠海斗门区海鲈池塘每2～3年进行清淤1次，平整池底。清淤的方式一般有两种，一种是采用高压清洗底泥，然后抽走；另外一种是抽干水后用挖掘机在池塘底部挖十字沟，彻底

图 4-1 标准化池塘具备完善的供电及良好的交通条件

暴晒干塘后，再用挖掘机将底泥重新翻至塘基上，既能够清理底部淤泥，又能够加高池塘堤坝。

（2）设置三级围网 海鲈相互击性强，部分个体生长速度明显快（头鱼），为提高海鲈养殖成活率和经济效益，需要在养殖前期（规格小于 50 克/尾的阶段）尽可能减少互残行为。有效的办法是通过定期筛分大小鱼苗来提高成活率，一般在池塘进水前设置三级围网进行前期标苗阶段的分级培养。围网分割池塘的面积比例为 2∶3∶5（图 4-2），围网网目一般选择 20～40 目为好，上端高出水面至少 30 厘米，下端埋于池塘底泥中 20～30 厘米（图 4-3）。

（3）生石灰清塘 生石灰消毒对淤泥多的老塘最为适宜。一般用量为每亩施生石灰 100 千克。先在鱼塘底部均匀堆放生石灰，再进水 10～20 厘米，趁生石灰遇水起剧烈的化学作用时，用长柄瓢均匀泼洒于池底和塘基。

（4）进水消毒 海鲈养殖池塘前期标苗阶段水深一般为 1.5～1.8 米，一次性进水后用漂白粉消毒，每立方米水体用量为 30～40 克。还有些农户习惯用茶籽饼清塘杀灭野杂鱼和螺类，同时茶渣还能肥沃水质，在毒性消散后有助于促生大量枝角类和桡足类等适于鱼

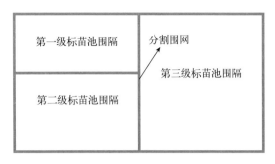

图 4-2 三级围网设置示意图

图 4-3 安装的围网

苗前期生长的饵料生物。进水最好采用双层 80~100 目的滤网过滤。

（5）培水 目前斗门区海鲈养殖户对养殖水体如何培水有不同的处理思路。一部分农户习惯培育饵料生物，培养较浓的水色，认为其好处是丰富的浮游动物有利于降低鱼种下塘后寄生虫病害的发生概率并提高鱼种成活率。另外一部分农户习惯保持水质清爽，精细投喂人工饲料，定期进行病害防治，认为其好处是减少鱼种阶段池塘中的天然饵料干扰，尽快驯食人工配合饲料，提高鱼种规格的均匀度，降低后期大小分化差异，从而降低互残率、提高成活率，并且可避免前期肥水造成的藻类过多（在养殖后期藻类过多易引起

125

海鲈死亡而使底质难以调控)。

3. 花鲈标苗阶段

(1) 苗种选择　选择经检疫合格，体质健壮、外观良好，规格2.5厘米以上的已经经过淡化培育、完全适应当地水质的海鲈鱼种。大于3厘米且已经驯食人工配合饲料的海鲈鱼种则更为理想。

(2) 标苗阶段的鱼苗放养数量　池塘养殖密度的确定需要根据自身养殖技术、管理水平和池塘养殖环境来确定。斗门地区一般海鲈亩产 5 000～7 500 千克，商品鱼规格为 0.55～0.63 千克/尾，而鱼苗标苗阶段成活率一般为 30%～80%，受当年鱼苗质量和天气情况影响，成鱼养殖阶段成活率一般为 80%～90%。因此需要根据自身池塘数量、养殖技术水平和全年生产计划，综合考虑标苗阶段的鱼苗数量。一般 1 口标苗池塘的养殖数量能满足 2～3 口池塘的养殖。

(3) 标苗阶段的投饵驯养　海鲈鱼苗放入第一级标苗池围隔后，当天只泼洒抗应激类药物。第二天开始用鲜活的枝角类和桡足类等掺杂鱼苗开口粉料或者鳗鱼粉料驯食，每天 2～3 次。经过2～3天的驯食，当海鲈能形成定时定点的摄食习惯，聚群明显时，可逐渐减少鲜活饵料，并逐渐增加人工配合饲料直至完全使用人工配合饲料，此时可改为 1 天 2 次投喂。然后根据鱼苗摄食情况，逐渐将粉料转为颗粒饲料。在鱼苗标苗阶段，有农户习惯投喂拌入鱼浆的饲料，认为可以提高成活率和生长速度，但该操作对水质的管理和肠炎性病害的防控不利。

(4) 标苗阶段的大小筛分　一般在第一级标苗池围隔内标苗7～10天后进行鱼苗筛分，海鲈鱼苗第一次筛分一般用 7～8 朝[*]的分苗筛，将小规格鱼苗放入第二级标苗池围隔，大规格鱼苗留在第一级标苗池围隔。在标苗 25～30 天后，进行第二次筛分。如果池塘数量不足，就将第二次筛分的小规格鱼苗放到第三级标苗池围隔。待鱼苗平均规格达到 50 克/尾时，拆除围隔。如果池塘数量较多，可以根据池塘数量和鱼苗规格大小及数量，合理分配不同规格

---

[*]　朝为筛孔间距用语，7～8 朝相当于 4～5 毫米。

鱼苗至不同养殖池塘,开始成鱼阶段养殖。有些农户放苗规格小,筛分鱼苗的次数可能达 3 次(图 4-4)。

图 4-4 鱼种筛分

4. 海鲈养成阶段的日常管理

(1)定时、定点投喂 每天定时、定点投喂配合饲料 2 次。一般日出、日落前后投喂,但海鲈聚食性好,抢料凶猛,摄食受外界环境变化影响较小,可驯食其不同时间段投喂。另外,海鲈摄食迅速,一般养成阶段多采用高速自动投饵机。自动投饵机的种类一般分为安置在岸边投喂台的传统投饵机和新式中央 360°投饵机两种(图 4-5)。

(2)饲料种类和日投饲量 海鲈养成阶段(以斗门地区大宗商品鱼规格 0.55~0.63 千克/尾计)一般投喂海水鱼配合饲料,料号从 1 号至 7 号不等。目前,海鲈的成鱼配合饲料已经比较成熟,养殖阶段饵料系数根据养殖模式(早、中、晚批鱼)有所不同,一般为 1.21~1.42。斗门地区中批鱼的海水鱼配合饲料,一般 1 包20 千克的饲料能养出 15.05~16.00 千克的海鲈。

投喂量与水质、水温以及海鲈本身的生长有较大关系,养殖期间应及时调整投喂量(表 4-1)。海鲈摄食的适宜水温为 20~30 ℃,

图 4-5 海鲈投饵

当水温上升至 33 ℃以上或水温下降至 15 ℃以下时，摄食降低；水温降至 10 ℃左右，很少摄食；水温 7 ℃时，基本停止摄食。另外在高温、大风和阴雨天气时需要相应减少投喂次数和投喂量。正常投喂量控制在海鲈八分饱的摄食状态为佳，投喂时还可根据鱼群的摄食速度、鱼群大小来判断鱼群的摄食量。

表 4-1 海鲈人工颗粒饲料的适用阶段和日投喂量

饲料品种	鱼种体长（厘米）	投喂量（按体重的百分比,%）
稚鲈 1 号	5～10	8
幼鲈 2 号	10～16	7
小鲈 3 号	16～22	6
中鲈 4 号	22～30	5
大鲈 5 号	30～38	3
大鲈 6 号	>38	2
大鲈 7 号	>38	2
大鲈 8 号	>38	2

在日常投喂次数方面，早批鱼和中批鱼都是1天2次正常投喂。早批鱼养殖到商品规格的时间约为8个月，中批鱼约为10个月。晚批鱼一般在养成阶段从1天2次，逐渐改为1天1次，再改为2～3天1次，或者每天1次并控制在正常投喂量的20%～30%；在入冬前的11—12月再恢复正常投喂1个月，第二年3月以后根据市场行情控制投喂次数，晚批鱼到上市规格的养殖时间控制在12～18个月。

（3）水质调控 斗门地区有丰沛的过境西江水系，因此斗门地区的海鲈养殖池塘具有良好的换水条件。①换水：池塘水质调控一般是根据潮汐河道进排水情况，每周换水1～3次，每次换水10～20厘米。前期换水量小，后期换水量大。因此，斗门地区的海鲈养殖池塘较少使用水质调节类药物。②增氧：海鲈养殖对水质要求较高，通常要求 pH 7.5～8.5，溶解氧含量在4毫克/升以上，氨态氮含量低于0.7毫克/升。斗门地区海鲈养殖池塘一般在中后期保持1.5千瓦/亩的增氧功率，前期一般按照每3 500千克海鲈配置1台1.5千瓦的叶轮式增氧机，全天24小时开机。

（4）清洁型鱼类的混养 一般标准的10亩花鲈养殖池塘，在放苗1万尾/亩的情况下，套养的品种有鳙、草鱼、青鱼、鲫（或黄颡鱼）。鳙可调水稳定藻相，投放规格10厘米左右，10～15尾/亩；草鱼可清理塘边杂草，投放规格10厘米左右，2～3尾/亩；青鱼用来清理塘内各种螺，投放规格10厘米左右，1～2尾/亩；鲫可清理底污，改善水质，投放规格3～5厘米，100～150尾/亩。有时可以投放黄颡鱼替代鲫，也可发挥清污功能。不过黄颡鱼出鱼时需要抽水至50厘米，以利于人工抓鱼，在与养鲫经济效益相差不大的情况下，增加了生产烦琐程度，近些年已被淘汰。

5. 珠海市斗门区河口渔业研究所池塘养殖海鲈的效益分析
斗门区河口渔业研究所池塘养殖海鲈的成本组成如表4-2所示。

表 4-2　每生产 1 千克海鲈的成本组成（元）

成本单项	早批鱼	中批鱼	晚批鱼
饲料	9.10	10.64	11.68
电费	1.04	1.50	1.44
人工	0.66	0.90	0.96
苗款	1.04	0.76	0.96
塘租	0.52	0.60	0.62
设施折旧等	0.52	0.46	0.16
药品	0.12	0.14	0.16
总成本	13.00	15.00	16.00

注：人工 2 000 元/（塘·月），塘租 2 000 元/（亩·年），电费 0.68 元/度，增氧机折旧及维修成本 550 元/（台·年）。

其中，早批鱼的成本计算是按照海鲈实际生长周期来计算的塘租成本，但出完早批鱼后池塘一般闲置，同时早批鱼苗成活率不稳定，平均亩产较低，因此计算结果比实际生产中的成本要低。早批海鲈的成本为 7.0～7.5 元（图 4-6）。

养殖海鲈池塘中套养的生态调控鱼类也能产生一定的经济效益（表 4-3）。

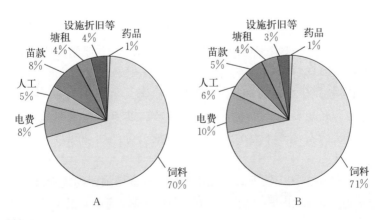

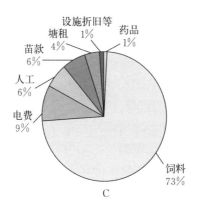

图 4-6 海鲈养成的成本构成

A. 早批 B. 中批 C. 晚批

表 4-3 10亩海鲈池塘套养品种效益表

品种	鳙	草鱼	青鱼	鲫
放苗数量（尾）	100	20	20	1 500
成本（元）	100	40	60	450
产值（元）	1 500	300	300	6 000

6. 具有代表性的分级养殖模式

分级养殖模式是能够有效提高海鲈养殖经济效益的科学养殖方式，2012年斗门海鲈市场价格低迷，在众多海鲈养殖户都亏损的情形下，白蕉镇灯笼村梁卫全 3 口海鲈鱼塘（20 000 米² 水面）却获利超过 35 万元。现将该养殖模式的操作实例介绍如下。

（1）鱼苗放养时间　为了能赶上头批鱼上市（一般是每年的 9 月初），每年尽可能在 12 月放养头批的大规格鱼苗。如 2011 年 12 月 15 日梁卫全放养海鲈鱼苗 35 万尾。

（2）鱼苗的标粗和分级养殖　准备 3 口池塘，面积均为 10 亩。先将 35 万尾鱼苗集中在一口池塘（设为 S 塘）中驯化标粗，养至 2012 年 1 月 1 日，即标粗 15 天开始第一次筛分大小，分出大规格鱼苗约 5.3 万尾，转移至作为赶头批鱼上市的池塘（设为 L 塘）中进行养殖。标粗池塘再经 25 天的养殖（即到 2012 年 1 月 26 日）

进行第二次筛分大小，分出大规格鱼苗约 7 万尾转移至另一口池塘（设为 M 塘）中养殖。剩余规格较小的鱼苗约 10 万尾在标粗原塘即 S 塘进行养殖。标粗成活率约为 63.7%。

（3）饲料的投喂和管理　为了加快 L 塘海鲈的生长速度，整个养殖过程每天投喂配合饲料 2 次，每次投喂量通常为海鲈摄食量的 80%~85%；M 塘每天投喂配合饲料 1~2 次，每次投喂量通常为海鲈摄食量的 70%；S 塘海鲈生长到每尾重 100~150 克后，每隔 1~2 天投喂配合饲料 1 次，每次投喂量通常为海鲈摄食量的 70%。

（4）上市时间的选择　由于采取较低养殖密度并给予较足的投喂，L 塘海鲈养至 9 月初，平均已达上市规格，正赶上中秋节前后，商品鱼价格一般较高，便可收获。M 塘养殖密度较大，投喂量适中，因此养殖至 2012 年 12 月 29 日才上市；而 S 塘由于养殖密度过大，且投喂量不足，到 2012 年 12 月底，平均每尾重 300~350 克，养至 2013 年 4 月平均规格每尾 700 克以上。

（5）养殖效益　2013 年 4 月 6—8 日，S 塘（即标粗原塘）出塘海鲈共计 78.33 吨，销售价格为每 500 克 9.2 元，纯利 23.4 万元；L 塘出塘海鲈共计 32.9 吨，销售价格为每 500 克 9.1 元，纯利 15.1 万元；M 塘出塘花鲈共计 50.75 吨，销售价格为每 500 克 6.9 元，亏本 3.3 万元。一年共获得纯利 35.2 万元。

利用池塘分组，将同一批鱼苗分阶段养殖的模式，其优点是能够避免海鲈集中上市造成的低价风险，但同时也存在养殖周期长、资金压力大的问题。

（三）经验与优化建议

1. 苗种供应时间

"白蕉海鲈"已成为国家地理标志产品，养殖面积在全国最大，产量最高。由于苗种供应时间较为集中，导致商品鱼过分集中上市，从而容易形成供过于求的局面，鱼价低落。采用分级养殖、区别管理、错开上市的养殖模式，在一定程度上降低了市场风险，取得了较好的经济效益，但这是延长了养殖时间的结果。此种养殖模式在延长养殖时间的同时，增加了海鲈的存塘时间，降低了池塘利用率，同时也增加了养殖风险。因此该模式并没有取得最佳经济效益。如果按照全年随时都有上市的海鲈产品，同时又按照正常的养殖生长周期进行养殖管理，这就要求全年都有不同规格的苗种供应，才能满足市场的需求。

2. 咸化养殖技术

河口区的池塘养殖虽然靠近沿海，但海鲈养殖的水质却接近淡水。此条件下养殖的海鲈虽然生长速度快于海水，但养殖的海鲈肉质疏松并带有泥腥味，活鱼运输成活率也较海水养殖的低，难以获得高的经济效益。若将上市前的成鱼转移到海水中暂养 1 个月，将会使其肉质变得结实、泥腥味减少，品质接近野生海水海鲈，而且鱼体瘦身结实，有利于活鱼长途运输。

3. 养殖尾水处理技术

斗门区的海鲈池塘养殖属于高密度、高产量的养殖模式，高蛋白配合饲料的大量投入，带来了大量的残饵以及排泄物，给养殖生态系统的自净能力带来了沉重的压力。当大量的养殖尾水未经处理就排放到自然环境时，就会对周边水域水质造成严重污染，因此尾水处理已成为该地区发展海鲈养殖的制约因素。

二、珠海市斗门区海鲈池塘养殖尾水排放处理技术

（一）养殖尾水处理的必要性

水产养殖过程中或养殖结束后，由养殖池塘向自然水域排出的不再使用的养殖水称为养殖尾水。传统的高密度水产养殖方法，将大量的残饵和粪便排入水体，导致养殖池水富营养化，这不仅恶化了养殖水环境，降低了产量、质量，所产生的尾水直接排入外界环境中，还会对周边水域的水质环境造成明显的污染。因此，对养殖尾水的排放进行治理，势在必行。

目前海鲈养殖正处于高速发展期，随着养殖密度越来越高，饵料大量投放，产生的粪便越来越多，致使水体中的氨氮、亚硝酸

盐、含磷有机物等污染物也越来越多，水质严重富营养化。养殖尾水的排出，会对周围环境造成较大的污染压力，如得不到有效处理，被污染的外源水又会重新进入养殖系统，影响养殖业的可持续发展。为使海鲈产业健康可持续发展，广东强竞农业集团结合国家出台的养殖废水治理相关办法，开展了海鲈养殖尾水的处理技术研究。

（二）尾水处理案例

1. 养殖尾水处理方法与程序

养殖尾水的处理方法可分为生物方法、物理方法和化学方法（图 4-7）。单一方法处理效果差、周期长，设计一个尾水处理系统，结合物理、化学以及生物三种方法，则能相对快速地取得良好的处理效果。

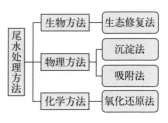

2. 尾水处理结果

图 4-7 尾水处理方法

广东强竞农业集团根据国家相关要求，建设了尾水排放处理系统（图 4-8）。

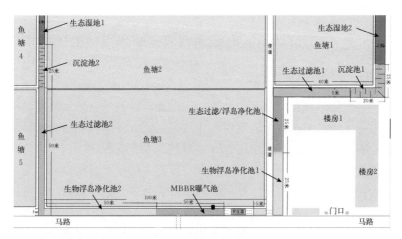

图 4-8 广东强竞农业集团尾水排放处理系统示意图

养殖尾水经过沉淀池、生态过滤池、生物浮岛净化池，最后再经 MBBR 曝气池的系列处理程序，水质指标的变化检测如下。

　　第一批水样检测结果表明：无机氮含量从沉淀前（A 点水样）的 2.77 毫克/升降低为 MBBR 曝气池处（D 点水样）的 1.31 毫克/升，清除率达到了 50％以上；活性磷酸盐由 A 点的 0.031 毫克/升降低为 D 点的 0.020 毫克/升，清除率达到了 36％以上；化学需氧量由 A 点的 4.66 毫克/升降低为 D 点的 2.48 毫克/升，降幅为 46.83％；水体中悬浮物含量从 A 点的 223.12 毫克/升降低为 D 点的 73.69 毫克/升，降幅达到 66.97％（图 4 - 9）。

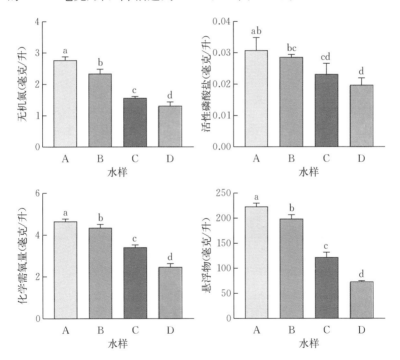

图 4 - 9　第一批水样不同取样点间的水质指标变化情况
不同小写字母表示有显著性差异

　　第二批水样检测结果表明：无机氮含量从沉淀前（A 点水样）的 1.37 毫克/升降低为 MBBR 曝气池处（D 点水样）的 0.72 毫

克/升，清除率达到了 46.99％；活性磷酸盐由 A 点的 0.034 毫克/升降低为 D 点的 0.022 毫克/升，清除率达到了 37％左右；化学需氧量由 A 点的 4.80 毫克/升降低为 D 点的 2.36 毫克/升，降幅为 50.87％；水体中悬浮物含量从 A 点的 229.52 毫克/升降低为 D 点的 77.24 毫克/升，降幅达到 66.35％（图 4-10）。

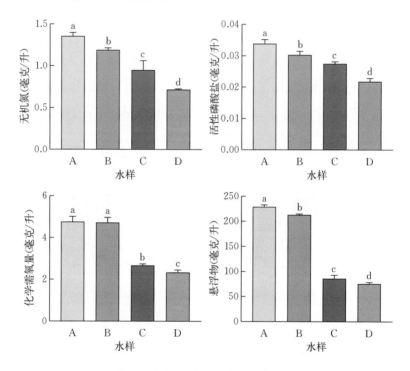

图 4-10　第二批水样不同取样点间的水质指标变化情况
不同小写字母表示有显著性差异

相比于最初排放的尾水，经过尾水处理系统处理过的尾水上述指标均显著下降，部分指标降幅可达 50％以上，可进行无污染排放或者循环使用。

（三）优化建议

鉴于当前的实际生产情况，对于极度富营养化的养殖尾水进行处理，有多种生产工艺可供选择。首先处理系统必须相对稳定可靠，不易被其他外部因素干扰；其次在操作上必须简单化，让养殖工人容易操作；再次要考虑建设成本。

第二节　海水池塘工程化循环水养殖模式案例
——以唐山海都水产食品有限公司为例

　　池塘工程化循环水养殖技术是传统池塘养殖与流水养殖的技术集成，该技术可以实现零水体排放，节约水资源，减少污染。所养殖海鲈在高溶氧含量的流水中不断逆流运动，因而肉质结实。池塘净化区通过放养滤食性贝类、栽植海水植物等进行生物调控，对养殖池塘水质进行复合净化，可大幅度减少病害发生和药物的使用。该模式日常管理操作方便，起捕率达100％，提高劳动效率、降低劳动成本。河北省唐山海都水产食品有限公司（以下简称唐山海都）以海鲈为养殖对象，在该技术模式的示范应用方面，取得了一定的成功经验。

一、系统结构

　　该系统主要由小水体推水养殖区（水槽）、粪污收集处理以及大水体生态净化区等单元构成。结构布置见图4-11。

1. 小水体推水养殖区

　　池塘总面积4公顷，内建设8个（每个20米×5米）循环水养殖水槽，集约化养殖面积800米^2，占池塘总面积的2％。每个养殖水槽的结构示意图见图4-12。

　　养殖水槽为长方形，砖混结构，底部有一定的坡比，前部推水区设置罗茨鼓风机与纳米微孔管相结合的推水充气增氧设备，增氧管上方罩圆弧形不锈钢罩板，使增氧管吹出的富氧水体的水流向养鱼区水平流动。前后两端用网片隔离，中间底部设置微孔增氧管（图4-13）。

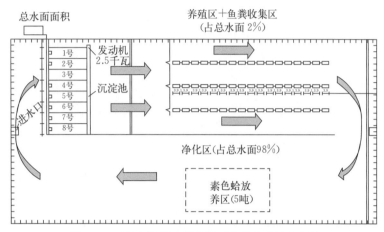

图 4-11 唐山海都工程化循环水养殖池塘示意图

图 4-12 养殖水槽结构示意图

图 4-13 推水养殖区

2. 集污系统

在养殖区末端，加装底部吸尘式残饵、粪便收集装置，将吸出的残饵、粪便移至池塘外的沉淀处理池中集中回收处理利用（图 4 - 14）。

图 4 - 14　集污系统

3. 大水体生态净化区

大水体生态净化区占池塘面积的 98%。建成占净化区面积 20% 的贝类养殖区，播种硬壳蛤、菲律宾蛤；种植适宜的耐盐海马齿植物，营造良好的生态环境（图 4 - 15）。设置导流墙（图 4 - 16）和推水设备，着力提升池塘生物净水系统效能。

图 4 - 15　净水区种植海马齿

图 4 - 16　生态净化区设置导流墙

二、养殖管理

1. 放养情况（表 4 - 4）

表 4 - 4　唐山海都工程化循环水养殖放养情况

种类	养殖槽编号/养殖槽外种养殖面积	放养时间	放养数量	放养规格
海鲈	1、2	6 月 3 日	3 500 尾/槽	7.60 克/尾
海鲈	3、4、5	6 月 10 日	6 670 尾/槽	8.23 克/尾
红鳍东方鲀	6、7、8	6 月 3 日	2 000 尾/槽	6.80 克/尾
菲律宾蛤仔	180 米×40 米	6 月 26 日	5 000 千克	4.25 克/粒
美洲帘蛤	20 米×5 米	6 月 2 日	100 千克	0.95 克/粒
海马齿	3.9 米×1.0 米	7 月 9 日	10 000 株	4.50 克/株

注：海水池塘面积共 40 000 米^2，建设 22 米×5 米的养殖水槽 8 个。

2. 投喂与生长

海鲈的抢食速度快、食量大，每次投喂要定时定量。投喂过程中要仔细观察鱼的饱食情况，以免浪费饵料。投喂时要注意方法，先投喂少量的饵料，吸引海鲈前来抢食，而后再大量投喂，待它们不再抢食时停止投喂。投喂的次数要视气温和季节变化而定，一般每日投喂 2 次。海鲈苗种阶段生长趋势见图 4 - 17。

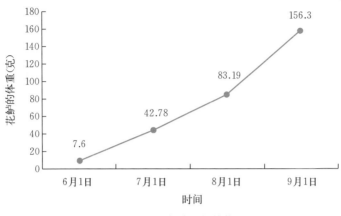

图 4 - 17　海鲈生长趋势

3. 其他管理

除了投喂之外，每天还要进行养殖池的巡查，发现异常要及时处理，巡查内容主要包括水质、海鲈活力、防逃设施以及病害情况。另外每天要定时吸污（投喂 2 小时后），将集污区沉淀的废物转移到池塘外的沉淀池中，集中处理。每次吸污时间视污水的程度而定。

三、经验与优化建议

1. 养殖水槽的优化

当前所推广的养殖水槽，大多为长方形设计，在水槽的前部安装气-水混合装置，形成定向流推水，实现水槽内的流水养殖。该工艺势必造成水槽前、中、后垂直剖面的养殖水体溶解氧以及流速不均衡，会使养殖鱼类出现"逆水"而"扎堆"，造成鱼体机械损伤。另外，长方形的水槽存在粪污收集率偏低的现象，仅为20％～40％，这给后续的净化区增添了极大压力。因此，开发高效增氧设备、高溶解氧垂直分流控制工艺，解决沉积物迅速排出水槽的问题，以保障水槽内养殖鱼类的健康生长是当务之急。

将长方形的养殖水槽改为圆形水槽，通过边缘进水与增氧，使水槽内的水形成环流，槽中心进行排水排污，这种养殖方式将极大地改变上述缺陷。现有试验表明，圆形水槽养殖模式的粪污收集率能达到70%以上，而且养殖鱼类也不会出现"扎堆"现象。

2. 净水区的生态修复技术

净水区的生态修复技术主要需要掌握几个关键环节。根据养殖类型和养殖模式的特点，进一步提升净水区的净化能力。利用生态基、微电解材料，开展池塘水体土著微生物固定化培养，以解决栽培植物所受到的营养盐和季节等因素的制约；选择合适的养殖品种，科学地进行品种搭配，根据不同种类水生动物在食物链中的作用，改进、完善养殖技术，促使养殖模式进一步升级，提高产量和品质；科学构建池塘内循环的导流系统，实现池塘水体有效循环，提升生态净化效能。

第三节 盐碱水域池塘养殖

黄河下游的东营、滨州、淄博等地区，具有大量的低洼盐碱地，经过30多年的探索，总结出了"上粮下渔"的盐碱地改良模式。该模式的主要特色，一是以水洗盐，使台田脱盐，改良土壤盐碱度，创造农业耕地；二是发展池塘盐碱水养殖，使盐碱定向入池，调节水质环境，养殖优质水产品。

一、"上粮下渔"养海鲈

山东省利津县汀罗镇陈家屋子村，既不临河也不靠海，却在盐碱旱地上发展起碱水鱼虾养殖、淡水养殖海水鱼等特色养殖模式，这让陈家屋子村成了远近闻名的水产养殖专业村。陈家屋子村属盐碱化程度很高的村庄，通过"上农下渔"盐碱地综合开发利用新模式，挖池筑台、深沟排碱，挖出来的池塘搞水产养殖，挖出去的土堆成田，由于位置高，盐碱上不去，可以种植农作物，实现了"池塘养鱼虾、台田种庄稼"。由于台田淋水的作用，池水含有一定的盐碱，适合传统养殖淡水鱼类，也非常适宜养殖广盐性鱼类。2015 年该村试养了 1 公顷海鲈，亩产量 750 千克，实现了海水鱼类的盐碱水养殖。

2016 年，利津县积极发挥技术优势，在明集乡、汀罗镇、陈庄镇和盐窝镇等池塘养殖基础条件较好的区域，实施海鲈淡水池塘养殖试验与示范项目。试验与示范面积 55 公顷，海鲈与淡水鱼混养、海鲈与南美白对虾混养和海鲈单养试验与示范养殖模式均取得了成功。

近几年海鲈在盐碱地池塘养殖推广情况见表 4-5。

表 4-5 盐碱地海鲈池塘养殖推广情况

年份	示范区	数量（尾）	放苗规格（克）	出塘规格（克）
2015	山东利津陈家屋子村	5 000	3.00	350
2015	山东利津四段村	2 000	3.00	360
2015	山东利津马四村	1 000	3.10	375
2016	山东利津陈家屋子村	8 000	3.10	400
2016	山东利津四段村	5 000	3.10	410
2017	山东利津陈家屋子村	10 000	7.00	300
2017	山东利津台东村	5 000	7.00	350
2018	山东利津台东村	3 000	6.80	450
2019	山东利津台东村	2 000	5.00	养殖中
2019	河南兰考县梦里张庄村	15 000	2.65	养殖中
2019	内蒙古河套地区	10 000	1.78	养殖中

总结陈家屋子村的养殖经验如下：

1. 池塘清整与消毒

将池水排干，清除池底过多的淤泥，检修进、排水系统，然后加入 50～100 千克/亩生石灰消毒，8～10 天后进水放养鱼种。

2. 鱼种放养

从利津县双瀛水产苗种有限责任公司购入全人工培育的海鲈苗种，平均规格 5 厘米，池塘面积 1 公顷，放养密度 1 500 尾/亩。

3. 投喂

海鲈鱼种刚入池，需要一定的时间适应新的环境，这时需要进行饵料投喂驯化。在选定的投饵区每天定点、定时、适量投饵，持续几天即可使海鲈鱼种达到正常集群抢食的状态。若发现投饵时鱼种反应迟钝、抢食不积极，可能是由水质恶化、溶解氧偏低、鱼病暴发等因素引起，应及时分析原因，采取相应解决措施。

4. 日常管理

每天早、晚巡池 2 次，观察海鲈的活动情况，检查海鲈有无浮头现象。如果发现海鲈在水表层缓慢游动，可能是发病或缺氧的先兆。还要注意查看水色和透明度，正常水色应为浅黄色或黄绿色，池水透明度应保持在 40 厘米左右，深褐色、黑色均为老化水，应及时更换新水。此外还要密切注意天气变化，阴雨、闷热天要特别注意池水溶解氧的变化情况，出现异常应及时换水、增氧。

5. 收获

经过 5 个月的养殖，收获的海鲈体型匀称、活力十足，平均体重 0.6 千克，亩产达到 750 千克，成活率达到 80% 以上。

二、盐碱池塘网箱培育海鲈亲鱼

盐碱地开挖池塘养殖海鲈，为广大农民群众提供了一条发展水产养殖、脱贫致富的路子。在池塘中主养海鲈、套养部分生态调控鱼类，养殖效果较好，但会因海鲈的规格较为一致、上市较为集中而难以获得价格优势。若采用池塘中养殖不同规格的海鲈或主养多种鱼类的模式，以错开集中上市的时间或提供不同的鱼类来满足市场的需求，会获得较大的经济利益。

山东利津县双瀛水产苗种有限责任公司在 3 600 米² 的池塘中，养殖大规格海鲈鱼种，同时在池中设置网箱养殖海鲈亲鱼，获得了成功。为在池塘中设置网箱套养不同种类、不同规格的鱼类，总结出了一套行之有效的方案。以 2018 年养殖经验为例，介绍如下。

1. 池塘大规格海鲈养殖

选择的池塘面积为 3 600 米²，池水深度为 3.5 米，在对池塘进行常规的清池后，于 5 月初水温达到 14 ℃时，放养 6 厘米的海鲈鱼种 2 万尾。其间投喂海为公司生产的海水鱼颗粒饲料。至 10 月中旬，收获平均规格为 175 克的海鲈 1.2 万尾，成活率为 60%，折合亩产 380 千克。成活率偏低为放鱼时鱼体受伤所致。

2. 池塘网箱养殖海鲈亲鱼

池塘内设置 4 个网箱，规格为 5 米×5 米×2.5 米（图 4 - 18）。5 月网箱中放养 3.5 千克/尾的海鲈亲鱼 186 尾，以及 2 千克/尾的后备亲鱼 204 尾。其间仍然投喂海为公司生产的颗粒饲料，考虑到海鲈亲鱼性腺发育的需要，高温后的 9 月开始投喂脂质含量较高的冰鲜鳀。10 月上旬将亲鱼移入室内进行催产，此时亲鱼和后备亲鱼平均体重分别为 4.5 千克/尾和 3.5 千克/尾，成活率平均为 96%，折合亩产 270 千克。

图 4 - 18　池塘中网箱的布设

三、内蒙古盐碱水域海鲈鱼种培育试验

（一）试验方案

1. 苗种来源

2019 年 4 月 16 日，在内蒙古鄂尔多斯市黄河沿岸水产养殖有限公司养殖基地进行海鲈鱼种培育试验，养殖池塘为 8 亩。苗种来自山东利津县双瀛水产苗种有限责任公司，鱼苗规格为 2～3 厘米，体格规整，活力强，体色健康，未发现伤病，共计 10 000 尾，养殖过程中未进行补苗。

2. 饲料来源

颗粒饲料购买于山东青岛杰海生物科技有限公司，为加州鲈幼鱼专用配合饲料，颗粒粒径 1.9 毫米。饲料成分：粗蛋白质≥48%，粗脂肪≥8%，粗纤维≤6%，粗灰分≤16%，钙≥1.5%，氯化钠≤3.5%，总磷≥1%，赖氨酸≥2.3%，水分≤12%。

3. 养殖设施

排干池塘水，清除池底过多的淤泥，厚度保留在 20 厘米以下，暴晒并清除池底杂物；每亩用 75～100 千克生石灰泼洒，消灭敌害生物与病原体。培育浮游动植物，池水为油绿色或茶褐色最好，水深 2～2.5 米，透明度在 30～40 厘米，在养殖过程中通过调节管理加以保持，对水体盐度进行定期检测。

4. 养殖水体的检测（表 4-6、表 4-7）

表 4-6　养殖水体不同季节主要离子变化情况

季节	pH	Cl⁻（毫摩尔/升）	SO₄²⁻（毫摩尔/升）	ALK（毫摩尔/升）	Ca²⁺（毫摩尔/升）	Mg²⁺（毫摩尔/升）	总硬度（毫摩尔/升）	含盐量（克/升）
黄河水	7.53	2.04±0.32	1.92±0.01	3.70±0.33	1.85±0.45	1.26±0.23ᵃ	3.11±0.46	0.70±0.45
春	7.91	2.71±0.13	1.85±0.63	3.45±0.28	1.64±0.23	1.46±0.14	3.00±0.13	0.71±0.24ᵃ
夏	8.42	4.01±0.08ᵇ	0.89±0.43ᵃ	3.53±0.35	1.58±0.11	1.43±0.16	2.93±0.21	0.62±0.37
秋	8.55	2.82±0.24	1.18±0.14	3.89±0.27	1.50±0.43	1.39±0.42	2.98±0.45	0.63±0.12

注：同一列中，a表示差异显著，b表示差异极显著；黄河水表示试验用水水源。

表 4-7　溶解氧和主要营养盐类变化情况

季节	溶解氧（毫克/升）	NO₃-N（毫克/升）	NO₂-N（毫克/升）	NH₄-N（毫克/升）	总氮（毫克/升）	PO₄³⁻（毫克/升）	总磷（毫克/升）
黄河水	7.87	0.062±0.001ᵇ	0.172±0.091	0.235±0.055	3.72±0.064	0.025±0.008	0.337±0.075ᵇ
春	8.2	1.087±0.310	0.102±0.063	0.134±0.034	1.12±0.055ᵃ	0.021±0.004ᵃ	1.538±0.055
夏	6.35	1.957±0.051	0.052±0.042	0.093±0.041ᵇ	1.68±0.034	0.091±0.043	1.251±0.078
秋	9.42	0.048±0.081ᵇ	0.047±0.009ᵃ	0.352±0.035	3.49±0.075	0.110±0.065	1.138±0.034

注：同一列中，a表示差异显著，b表示差异极显著；黄河水表示试验用水水源。

5. 苗种放养

鱼苗运输前 24 小时停止投喂，运输时注意温度、密度，运输过程中保证氧气充足。苗种到达后要用 4% 食盐和 2% 苏打水溶液对鱼苗进行消毒，操作时间根据鱼体活力情况决定。进行鱼塘暂养前需向苗种水体中逐渐添加盐碱地池塘水，直至其含量达 80% 以上，方可下塘。暂养时在养殖池塘的一个边角用网围出一块水面，第 1 天不投喂饵料，1 天后逐步开始投饵驯食。

6. 投喂方式

日投喂量为鱼体重的 1.5%～2.5%，每天投喂 3～5 次，根据苗种生长情况，水质、水温和天气等情况，调整饵料投喂量，溶解氧过低、水温过高或天气闷热时停喂或少喂。训练苗种摄食配合饲料，注意观察摄食情况，避免投喂量过大导致水体污染。

7. 养殖管理

在养殖过程中注意水色和透明度，高温天气和养殖后期要合理增氧，定期测量水体盐度，在高温季节应每天巡塘，注意海鲈苗种进食情况，判断其是否健康，确定诊断用药最佳时期。

(二)试验结果及分析

1. 试验苗种成活率

试验共引进海鲈苗种 10 000 尾，运输过程中未发现死亡现象，试验初期水温较低，造成少数苗种死亡，本试验未进行补苗。试验结束时，共捕捞海鲈鱼种 9 218 尾，存活率为 92.18%。海鲈稚鱼对于盐度的变化有极强的适应能力，将海鲈幼苗直接放入盐度为 15.00、12.50、10.00、7.50、5.00、2.50、0 的水中都能适应；在盐度为 2.50 水体中稚鱼存活率最高，而在淡水（盐度为 0）中其存活率为 65%。本试验海鲈稚鱼成活率高于 65%，这是因为内蒙古鄂尔多斯地区盐碱水域有一定盐度，尚可确保海鲈稚鱼生长对盐度的需求，但整体上存活率相较于海水或高盐度水域的成活率要低。

2. 试验海鲈生长情况

各季节中海鲈性状及生长情况有所差别（表 4 - 8），体高/体长在春季为 0.44，相比夏、秋季有显著差异，从海鲈鱼种的体征上看，在盐碱水域中养殖前期（4—5 月）体长的相对增长情况大于体高，到夏、秋季体高的相对增长和体长的相对增长相当；体长/体重值在夏季最小，为 0.11，呈现极显著差异；体长/全长和头长/体长无明显差异。试验结果表明，特定生长率（SGR）在夏季时达最大值，为 0.027；春季最小，为 0.021；三个季节的特定生长率无明显差异；夏季的生长指标值为 3.07，明显高于春、秋季节，差异极显著。其主要的影响可能是试验初期（春季）海鲈苗种需要适应盐碱地池塘水体环境，且水温低，尚未适应摄食配合饲料，生长较慢。夏季气温逐渐回暖后，苗种摄食能力加强，鱼体增长速度逐渐增加，且在夏季时生长速率达最大，显著高于春、秋季。秋季高温时鱼种摄食较好，生长速度相对于春季较快。

试验截至 2019 年 10 月 28 日，海鲈平均体长可达 11.64 厘米，平均体重可达 50.9 克，达鱼种规格（图 4-19），但整体上海鲈的特定生长率较低，这一结果可能也与试验养殖水体盐度较小有关。王艳等研究证明 7.50 的盐度

图 4-19 盐碱水域培育的花鲈鱼种

接近海鲈稚、幼鱼的最适生理盐度。本试验在鄂尔多斯市黄河沿岸的盐碱地中进行，其养殖水体的盐度为 0.7 左右，远低于 7.5 的盐度，因此海鲈在春、夏、秋三季的特定生长率相应偏小。

表 4-8 海鲈性状及生长情况

季节	体长/全长	体高/体长	头长/体长	体长/体重	特定生长率（SGR）	生长比速
春	0.75	0.44[a]	0.35	0.34	0.021	2.35
夏	0.76	0.49	0.41	0.11[b]	0.027	3.07[b]
秋	0.73	0.51	0.37	0.25	0.024	2.46

注：同一列中，a 表示差异显著，b 表示差异极显著。

3. 盐碱地的利用

本次海鲈苗种引进试验，从鱼苗到鱼种的成功培育，为利用经济效益低下的盐碱地池塘开展养殖工作提供了充分的依据。内蒙古黄河流域盐碱地池塘盐度一般为 2～5，海鲈属广盐性鱼类，可在盐度为 0～35 的水体中养殖成功。

第四节　深水抗风浪网箱养殖模式案例

一、福建离岸网箱养殖海鲈模式

福建闽威实业股份有限公司创建于 1992 年，是一家集海洋经济鱼类育苗、养殖、加工、销售为一体的现代型渔业企业，也是福建省海洋产业龙头企业，在海鲈育苗和养殖方面具有先进的技术，如海鲈生殖调控和室内人工育苗技术，大大提高了育苗产量和养殖效益；新型离岸智能化深水塑胶网箱，有效弥补了传统网箱养殖容量小、抗风浪能力弱、寿命短等缺点，注重环境友好、能源节约和净化，实现了规范化、现代化养殖。

1. 网箱的设置区域

网箱设置区域需满足如下条件：①避风条件好、风浪不大的近海水域。不仅台风风险小，还方便养殖人员的管理。避开海运主航道，避免污染。②水流畅通，水体交换好，水质清新，有一定的流速，一般为 0.07～0.7 米/秒，海流流向平直且稳定。③为了避免网箱网底部被海底碎石磨破，减少海底鱼排泄物对养殖水体的影响，在低潮期时，网底和水底的距离需达 5 米以上。也可直接选取海底地势平缓、坡度小，底质为沙泥或泥沙处。

2. 养殖管理

选择自繁 5 厘米以上的没有伤病、活力强、色泽好的海鲈壮苗进行养殖。当海鲈个体增长达到或超过网箱单位水体养殖容量时，易造成鱼缺氧死亡，需定期根据海鲈大小、体质强弱进行分级疏养。养殖过程中，每天投喂 2～3 次人工配合饲料，日投饲量占鱼体重的 3%～4%（图 4 - 20）；每天巡视检查网箱，发现破损及时妥善处理；每隔 30～40 天，必须清洗 1 次网箱；每隔 70～90 天，必须更换 1 次网箱。

图 4 - 20　网箱养殖海鲈

二、山东深水智能网箱养殖系统

烟台中集蓝海洋科技有限公司是中集集团的下属企业，是一家以海洋渔业装备研发设计、海洋牧场运营、海洋牧场示范区建设、海洋新能源开发、海洋环境检测及海洋环境保护为主要经营业务的综合性海洋渔业科技公司。在海洋渔业装备研发过程中，依托中集来福士成熟的海工技术以及联合挪威的先进渔业技术，共同开发了适合多种海域、多物种的深水智能化网箱来满足国家"蓝色粮仓"的发展。

1. 深水智能化坐底式网箱

公司开发的深水智能网箱，相较传统近海网箱具有环保、耐用、抗风浪等显著优势。采用深水网箱养殖，使海水网箱养殖业由近海海域扩大到深水海域，可减轻浅海、港湾、滩涂养殖的压力，充分开发蓝色国土资源，给海水养殖业提供更广阔的空间，有利于产业结构的调整，以及渔民的转业转产。设置深水网箱的海域开

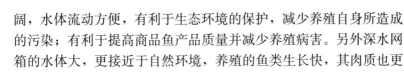

阔，水体流动方便，有利于生态环境的保护，减少养殖自身所造成的污染；有利于提高商品鱼产品质量并减少养殖病害。另外深水网箱的水体大，更接近于自然环境，养殖的鱼类生长快，其肉质也更接近野生状态。

为加强深远海网箱的抗风浪能力，烟台中集蓝海洋科技有限公司自主研发深水智能化坐底式网箱（彩图 49），该网箱长 66 米、宽 66 米、上环高度 34 米，有效养殖水体为 60 000 米³，年产成鱼 1 000 吨，相当于 100 多个普通网箱。为提高网箱的智能化程度，网箱设计引入物联网平台技术，将网箱的装备类数据、养殖类数据、环境类数据通过远程采集、无线传输、分布式存储等技术，实现数据自动采集到综合监控中心，做到海上平台数据的实时"可视、可测、可控、可预警"。网箱上搭载自动投饵系统、水下监测系统、死鱼回收系统、提网系统、污水处理系统、海水淡化系统、太阳能发电系统、成鱼回收系统、网衣清洗等自动化装备，实现渔场的智能化、专业化。同时可带动休闲垂钓、旅游观光等产业，促进渔业三产融合，助力海洋经济高质量发展。

2. 深水"一拖六"网箱

网箱包括自升式多功能海洋牧场平台 1 座（彩图 50），钢制框架浮式养殖网箱 6 座，单座养殖水体 4 000 米³。平台作为养殖看护母船，可为养殖网箱提供饵料、辅助操作，并且该平台具有牧场看护、监测管控、饵料喂养等功能。平台采用绿色能源（太阳能），以蓄电池储存的形式，保证平台不间断供电。平台利用自身配备的液压插销式升降系统，将 4 根桩腿插入海底，进而使主船体抬升至海面以上，与海上脱离接触，减少涌浪对平台的作用力，按照渤海湾百年一遇的海况进行设计，能抵抗 12 级风、浪高 8.4 米、海流流速 2 节，适用于开阔的外海，同时极大提高了平台上工作人员的舒适性。平台作为养殖母船，是养殖模式的一种创新，为后期规模化、智能化养殖奠定了基础。母船的设计，可为周边网箱提供养殖服务，并可随时掌握养殖网箱、海洋牧场的实时动态，可有效应对突发状况。

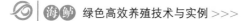

网箱为钢制框架浮式设计，建造材质为碳钢，边长为 25 米，采用上部浮筒、网底部挂坠块的形式（图 4-21）。网箱浮筒部分使用钢管形式，四侧浮筒采用软连接，以减小波浪载荷对网箱的疲劳强度；网衣材质采用 PET，该种网衣具有良好的力学和光学性能，底部四角采用 3 吨混凝土材质坠块；钢制网箱相较于 PE 材质具有更好的应力和疲劳强度，可以更好地抵抗波浪等环境载荷，使用寿命长，意外损坏概率低。网箱设计结构简单，整体结构造价费用低，抗波浪能力强，稳性、抗沉性好。

图 4-21 深水"一拖六"网箱总体规划

第五章

海鲈的收获、保鲜流通与加工

第一节　海鲈的收获

海鲈经过 8～10 个月的养殖，体重达到 500 克/尾以上时，即达到上市要求。

一、起捕前准备工作

海鲈活鱼运输前，需要提前停止投喂 2～3 天，使用水质净化剂处理鱼塘水体，加强池塘增氧保证海鲈体质。起捕的前一天，冬季调节水体深度至 1.5 米，夏季调节水体深度至 1.8 米，并安装好集鱼网槽（图 5-1）。

图 5-1　安装集鱼网槽

二、起捕

海鲈活鱼运输的起捕工作需要根据当天活鱼运输车辆计划来安排，一般 5 万千克产量的海鲈池塘分 5 天左右出完。操作规律是在当天日出前完成赶鱼至集鱼网槽的操作，清晨低温时间完成起捕操作。起捕时，分批次将鱼槽内的鱼集中起捕，每次集中起捕的鱼数量控制在 5～7 分钟内装车为宜（图 5-2）。冬季低温期时间可长些，夏季高温期需要遮阳并尽量缩短操作时间。

图 5-2 网箱起捕

第二节 海鲈的保鲜流通

海鲈的流通有活鱼流通、冰鲜流通及冷冻流通。

一、海鲈的活鱼流通

海鲈目前大部分采用活鱼流通的方式，具体做法就是采用水车，通过加纯氧的方法把活鱼运输到交易市场出售。这种方式优点是鱼的品质较好，价格较高，资金回笼速度快；缺点是交易量少且很难远距离运输。

海鲈活鱼商业化运输的应用，除了需要保证稳定成活率的活鱼运输技术外，还需要市场销售终端的拓展和建立工作。因为海鲈活鱼运输具有很强的时效要求，需要稳定和快速的市场销售终端来及时接纳和销售运输来的活鱼。对于市场销售终端的拓展和建立工作，企业具有其固有的优势和商业经验。

活鱼运至目的地后，同样需要在低温增氧的水槽中进行暂养，然后再分售至零售客户或终端消费者。一般暂养采用低温循环水的方式，水温控制在 18～20 ℃。目前从珠海销往福建的海鲈活鱼，多为订单式运输，运输至市场的当天即可销售完毕，运输成活率基本上可做到 100％。具体活鱼运输技术流程如下。

1. 降温镇静

为避免装筐筛选、称重时海鲈剧烈挣扎造成鱼体损伤，影响运输成活率，每批次集中起捕的海鲈需集中在中转箱中，中转箱中的水温要比池塘的水温低 5～7 ℃，让鱼适应后，水中需要放入碎冰继续降温，让海鲈在低温下活力慢慢降低（彩图 51）。

2. 筛分规格、称重和装车

根据销售终端不同客户的需要，将海鲈按照客户要求进行筛分。将不同规格的海鲈分车装运（图 5-3）。

图 5-3 海鲈称重与装车

3. 运输水温

海鲈活鱼运输的水温控制是关键技术之一。活鱼运输途中需要保证水体的低温，水温最好控制在 10 ℃或 10 ℃以下，长途运输时要时刻注意调整运输水的温度。

4. 运输密度控制

海鲈活鱼运输密度与运输季节、运输时间长度以及每批次海鲈的规格和体质都有关系。低温季节体质良好的海鲈运输时间越短，运输密度越高，反之则越低。目前，海鲈活鱼运输密度在冬春季可达 750 千克/米³，从珠海运往福建地区的海鲈成活率可达 100%，运输时间为 12～15 小时。

二、海鲈的冰鲜流通

海鲈的冰鲜流通也是目前较为常用的保鲜流通方式，是指将捕捞的海鲈迅速用冰冷藏起来，运输到交易市场出售的方式。这种方式的优点是交易量大，运输距离远；缺点是产品品质稍差，资金回笼速度慢。具体的海鲈冰鲜流通技术规程如下。

1. 采购与产品质量要求

鼓励采购方与生产基地建立稳定的联系，实行订单采购的方式。采购时应查验并留存产品供货方的社会信用代码或者身份证复印件，并向海鲈供货方索要产地证明、产品质量检验合格证明或认证证书等材料备案。采购的海鲈应符合《食品安全国家标准鲜、冻动物性水产品标准》（GB 2733—2015）、《食品安全国家标准食品中兽药最大残留限量》（GB 31650—2019）和《中华人民共和国农业农村部公告第 235 号》对有害物质残留量的规定，商品的基本要求见表 5－1。

表 5－1　出场检验要求

检验项目	检验方法	限量要求
显性孔雀石绿	GB/T 19857	不得检出
隐性孔雀石绿	GB/T 19857	不得检出

（续）

检验项目	检验方法	限量要求
显性结晶紫	GB/T 19857	不得检出
隐性结晶紫	GB/T 19857	不得检出
氯霉素	GB/T 20756	不得检出
呋喃西林代谢物（SEM）	GB/T 21311	不得检出
呋喃它酮代谢物（AMOZ）	GB/T 21311	不得检出
呋喃妥因代谢物（AHD）	GB/T 21311	不得检出
呋喃唑酮代谢物（AOZ）	GB/T 21311	不得检出

2. 挑选

海鲈捕捞后应放入消毒处理的低温处理池，处理池中放入碎冰，保持低温（1～5℃），使鱼处于较安静的状态。选出体表有光泽、无病斑，鳞片完整无脱落，眼球透明饱满，鳃丝色泽鲜红、清晰，无异味，肌肉紧密有弹性的健康海鲈。剔除杂鱼、病鱼及畸形鱼。有条件的情况下，可采样解剖，选择内脏清晰无腐烂的鱼。在挑选的过程中保持鱼体处于0～5℃的环境中。挑选的时间不宜超过1小时，未能及时处理的鱼应存放在0～4℃的水中。挑选后的海鲈应在24小时内处于5℃以下的环境。

3. 分级

产品质量在符合基本要求的前提下，冰鲜海鲈依据鱼体、肌肉、眼球、鳃、气味和杂质分为一级、二级和三级，各等级指标应符合表5-2的规定；按照每相差100克一个规格的分级标准进行分级；也可按客户要求进行分级。

表5-2 冰鲜海鲈各等级指标

指标	等级		
	一级	二级	三级
鱼体	鱼体硬直、完整，无破肚，体表色泽明亮，鳞片完整无脱落，体修长，背肉丰厚	鱼体稍软，完整，无破肚，体表色泽稍白，鳞片略有脱落，体略肥短，背肉稍薄	鱼体较软，基本完整，鱼体稍有破损，体表色泽较白，鳞片局部脱落，体较肥短，背肉薄

（续）

指标	等级		
	一级	二级	三级
肌肉	肌肉组织紧密有弹性，切面有光泽，肌纤维清晰	肌肉组织较紧密，有弹性，肌纤维清晰	肌肉组织尚紧密，弹性较差，肌纤维较清晰
眼球	眼球饱满，角膜清晰明亮	眼球平坦，角膜较明亮	眼球略有凹陷，角膜稍混浊
鳃	鳃丝鲜红，清晰	鳃丝暗红，清晰	鳃丝浅红，较清晰，有黏液覆盖
气味	无异味		允许鳃丝有轻微异味但无臭味、氨味
杂质	无外来杂质，解剖后内脏清晰无腐烂		

4. 包装

（1）包装材料　宜选用泡沫箱，所使用的泡沫箱应坚固、无毒、清洁、无异味，符合食用和环保要求。

（2）包装容器规格　包装宜按产品大小设计规格。包装箱规格应便于冰鲜海鲈的摆放、装卸与运输。

（3）包装方法　在泡沫箱左右两端各打 1 个直径不小于 1 厘米的孔，铺上厚度不小于 3 厘米的碎冰，壁部垒起厚度不小于 2 厘米的冰墙，将海鲈整齐、紧密地铺盖在冰层上，然后在鱼层上均匀地撒上厚度不小于 2 厘米的碎冰；一层鱼覆盖一层冰，直至容器顶部，最上面一层的碎冰厚度不小于 5 厘米。堆积的层数应不多于 3 层。最后用封箱胶带封好。同一批次、同一等级的海鲈包装箱规格最好一致。另外要注意，加工或制冰所用的水应为饮用水或清洁海水，饮用水应符合 GB 5749 规定，清洁海水符合 GB 3097 规定。

5. 标识

海鲈包装箱要贴上标识，所用文字应当使用规范的中文，应字迹清晰、持久、易于辨认和识读，不得含有虚假、错误信息或误导购买者的内容。标签所用材质、胶水、墨水等应无毒、无害，不影响冰鲜海鲈的质量和卫生。标识内容应包括冰鲜海鲈名称、等级、数量、产地、生产日期以及企业名称、地址和联系电话等。有资质要求的标识应在取得相应认证资质后，按要求使用。

6. 入库贮藏

包装好的海鲈应及时入库，从出场到入库的时间不得超过24 小时。入库时应详细记录品名、产地、规格、等级、出场检验报告、贮藏条件、入库数量、入库时间、批次号、入库货主联系方式等信息，海鲈入库信息应至少保存 6 个月。对不同产地、批次和等级的海鲈，应分开码放，码放应以不破坏包装体及不相互挤压为宜，存放方式应符合库体设计要求，以有利于空气流通、保持库内温湿度均衡和管理方便为宜。库房的温度和湿度应分别保持在 0～4 ℃和 90%～95%。环境温度高于 20 ℃时，冷藏贮藏期不宜超过7 天；环境温度低于 20 ℃时，冷藏贮藏期不宜超过 12 天。贮藏设施设备及器具应专人管理，做好检查、维护和记录工作。日间每6 小时、夜间每 8 小时定时对库房进行巡查，确保所有制冷设备正常运转，并做好记录。

7. 出库运输

海鲈出库应详细记录品名、产地、规格、等级、存储条件、出库数量、出库时间、批次号等信息，出库信息应至少保存 6 个月。出库过程应操作快捷，对在库海鲈贮藏环境不能造成明显影响。应用冷藏车、船运输，保持鱼体温度在 0～4 ℃。不得与有毒有害物质一起运输。运输过程中应每 4 小时检查车辆制冷设备是否运转正常，并做好温、湿度记录。

8. 批发

（1）批发商应按照国家有关规定建立购销台账。如实记录冰鲜海鲈的名称、产地、等级、进货时间、销售时间、价格、数量和产品提供方名称等内容，以及交易双方的姓名和联系方式。同时查验和留存冰鲜海鲈提供者的社会信用代码或者身份证复印件。

（2）批发商应向采购方提供产地证明、质量检验合格证明和销售凭购销票证。销售凭购销票证应包含批发商姓名、采购方姓名、冰鲜海鲈品种、产地、等级、成交量、成交价格、成交时间等。

（3）批发商应加强对整个销售过程的记录，对每批冰鲜海鲈的产地证明、检验报告、购销票证等文件进行管理和保存，应至少保存6个月，建立水产品安全追溯制度。

（4）对于认定不合格的冰鲜海鲈，应按照国家有关规定做好下架、召回或销毁处理。但因标识不符合食品安全标准的，在采取补救措施且能保证食品质量安全的情况下可以继续销售，销售时应当向消费者明示补救措施。

（5）在批发过程中应注意保持适宜的温度，快速销售。

9. 零售

（1）应有固定的经营场地（摊位），须挂牌销售，明确标识冰鲜海鲈的品种、产地、等级、价格、质量安全合格证明等信息。

（2）切份小包装宜采用聚乙烯薄膜包装，防止污染。零售标识应包括超市（市场）名称、冰鲜海鲈的品种、生产（加工）销售日期、等级、价格、产地等内容。

（3）场所宜配备陈列货架、电子条码秤、冷藏设施等，注意控制温度。

三、海鲈的冷冻流通

冷链物流是指以冷冻工艺为基础、制冷技术为手段，使冷链物流从生产、流通、销售到消费者的各个环节中始终处于规定的温度环境下，以保证冷链物品质量，减少冷链物品损耗的物流活动。海鲈的冷冻流通是指将海鲈经简单加工，包括清洗、分拣、分装、分切、冻结之后，通过冷链物流进行流通的方式。海鲈的冷冻流通流程如下。

1. 海鲈的采购、产品质量要求、分级、分拣

参照前文海鲈冰鲜流通中海鲈的采购、质量要求、分级、分拣要求。

2. 海鲈的冻结

将分拣好的海鲈用 IQF 冻结机或隧道式液氮冻结机进行冻结，使鱼体中心温度达到－18 ℃。

3. 包装

冻结后的海鲈，需要进行包装。内包装材料应无毒无害，通常采用质料紧密且能隔绝水汽（湿气）与油浸的材料；内包装应完整，且不应使用金属材料钉封或橡皮圈等物来固定包装袋封口；内包装材料薄膜不应重复使用。海鲈产品外包装的容器，如塑料箱、纸箱等可按照基础规格参数（600 毫米×400 毫米），也可根据客户要求而定。外包装箱应整洁、干燥、牢固、透气、无污染、无异味、无虫蛀、无霉变、无毒无害，内壁无尖突物等。运输包装用单瓦楞纸箱和双瓦楞纸箱，应符合 GB/T 6543 的要求。

4. 标签标识

冷冻海鲈内包装上的标签应符合 GB 7718 的规定，且标签上的字迹应当清晰、完整，准确注明海鲈产地、规格大小、加工方式、日期等。储运包装标识应符合 GB/T 191 的规定。

5. 冷库贮存

包装好的海鲈贮存在冷库中，冷库温度应低于－18 ℃。冷库内码放产品时应保证空气均匀流通，符合 GB/T 30134—2013 中 6.8 的要求。库房内堆码应稳固整齐，不应影响库内的气流循环和冻海鲈产品的进出。贮存过程要进行记录，建立库存台账。海鲈出入库应有记录，内容应包括但不限于：名称、规格、批号、保质期、出入库时间、库房垛位号、出入库单位、数量等。每批海鲈产品应有出入库检验记录。

6. 出库运输

出库应按照"先进先出"的原则，并做好记录。装载作业区内操作应在产品保存温度或低于－15 ℃以下进行。运输车辆箱体内应保持清洁和卫生。运输前，车厢应进行预冷处理，使车厢温度达到冷冻海鲈所要求的运输温度。运输中与冷冻海鲈接触的器具表面材料应符合相关食品卫生要求，且有利于清洗和消毒。运输时应保持车厢内温度均匀，每件冻品均可接触到冷空气。运输配送期间，车厢门开关频率应降至最低，不应打开容器或产品包装。运输完毕要进行清洗和消毒。同时要做好运输过程中的记录，包括送货与交货状况记录、装卸货的时间记录、车厢温度记录、运输配送期间制冷系统的运转时间记录等。应连续监测记录车厢内温度，超出允许的波动范围应有警示，按应急预案及时处理。

到达目的地后，在装载作业区的作业时间、冷能消耗、温度及湿度均应有控制措施。装卸时车厢温度应保持低于－15 ℃，装卸后应迅速让温度降到低于－18 ℃，装卸过程冷冻海鲈的中心温度不应高于－12 ℃。装载作业因故中断，车厢门应及时关闭，且制冷系统应保持运转。装卸冷冻海鲈时要采用"门对门"衔接，产品不应落地或滞留在常温环境。

第三节　海鲈的加工

随着养殖产量的不断增加，消费市场不断变化，海鲈的加工产品也逐渐被开发出来，满足消费者的需求。目前海鲈的加工产品种类主要有：冻全鱼、冻鱼片、盐渍鲈鱼片、调味鲈鱼片、休闲食品等。下面介绍海鲈主要产品的加工技术。

一、冻海鲈鱼片加工技术

海鲈鱼片的冷冻加工是当前海鲈主要的加工方式，冻海鲈鱼片加工规程如下。

1. 海鲈的采购与产品质量要求

海鲈的采购与产品质量要求同前面海鲈冰鲜流通的要求。

2. 暂养

目前有的企业对采购的海鲈进行暂养，目的是对鱼体进行净化，去除鱼体的附着物和泥腥味，提高鱼肉的品质。暂养池在进鱼前，应进行清洁消毒，然后放进所需的水量，水温应控制在25℃以下。进鱼时，应将来自不同产区（或养殖场）的鱼分池暂养，不应互混，在标志牌上注明该批原料的产地（或养殖场）、规格、数量。在暂养过程通入适量臭氧水，用循环水泵喷淋曝气，防止鱼缺氧死亡，确保鱼的活力，确保水质良好。可根据需要暂养1～3天。

3. 原料分选

将暂养后的鱼捞起，分拣出不宜加工鱼片的小规格鱼和已经死亡的鱼，另行处理，将符合规格要求的鱼通过传送带输送到放血台。

4. 放血

进行放血时，在操作台上用左手按紧鱼头，右手握尖刀在两边鱼鳃和鱼身之间的底腹部斜插切一刀至心脏位置，然后将鱼投入在有流水的放血槽中，并不时搅动，让鱼血尽量流滴干净。放血时间应控制在20～40分钟，时间太短放不干净，时间太长则发生鱼死后僵硬现象，造成剖片困难。

5. "三去"和剖片

背开鱼片，将放血好的海鲈用去鳞机去除鱼鳞和鱼鳃，经传送带送入开背机开背，然后再传送到工作台，人工进一步修整，并去除内脏。

手工剖片时，双手应戴经消毒的手套，左手捉紧鱼头，将鱼体压紧在操作台上，右手握刀，下刀准确，刀口从鱼尾部贴着中骨向鳃部剖切，将背腹肌肉沿鳃边割下，然后反转再剖切另一边。剖鱼片时，要把刀磨好，避免切豁、切碎而降低出成率。

6. 修整

修整目的是切去鱼片上残存的鱼油、鱼鳍、内膜、血斑、残脏等影响外观的多余部分，用流动水冲洗干净鱼片，去除鱼中骨边的血斑等残迹。修整时注意产品出成率。

7. 鱼片清洗消毒

根据实际生产中的消毒效果，一般用臭氧浓度高于5毫克/升的臭氧水对鱼片进行消毒5分钟。

8. 鱼片浸液漂洗

工序可根据客户的要求，用从植物提出的天然脱腥剂对鱼片进行脱腥处理，用添加食品添加剂的溶液进行浸液漂洗，以防止鱼肉蛋白质的冷冻变性，提高鱼片的持水性，改善产品的风味和口感。所用食品添加剂的品种和用量应符合 GB 2760 的规定。浸液漂洗的温度掌握在 5 ℃左右，超过 5 ℃时需加冰降温。漂洗时间一般控制在 5～10 分钟比较好。

9. 分级

按鱼片重量的大小进行规格分级，此工序须由熟练的工人操作，在分级过程中，同时去除不合格的鱼片。

10. 冻结、镀冰衣

采用 IQF 冻结或隧道式液氮冻结机冻结，鱼片须均匀、整齐地摆放在冻结输送带上，不能过密或搭叠，以免影响冻结。冻前应先将冻结隧道的温度降至－35 ℃以下，冻结过程的冻结室内温度应低于－35 ℃，冻结时间根据冻结机而定，通常 IQF 冻结控制在 50 分钟以内，隧道式液氮冻结控制在 20 分钟左右，鱼片中心的冻结终温应低于－18 ℃。镀冰衣时将冻块放入冰水中 3～5 秒，使其表面包有适量而均匀透明的冰衣。用于镀冰衣的水应经预冷或加冰冷却至等于或低于 4 ℃。如果是包装后再速冻的，则不需要镀冰衣。

11. 称重包装

每一包装单位的重量根据销售对象而定，总净重不应小于包装上注明的重量。称重后的产品应快速封口包装或抽真空包装。包装材料应符合相关的卫生标准规定。成品应按规格、品种进行包装，不同规格等级的产品不应混装在同一箱中，包装内应有合格证，包装过程应保证产品不受到二次污染。销售包装上的标签应符合 GB 7718 的规定。储运图示标志应符合 GB 191 的规定。

12. 金属探测

装箱后的冻品，必须经过金属探测器进行金属成分探测，若探测到金属，则须挑出有问题的冻块另行处理。

13. 冷藏

包装后的产品应贮藏在−18 ℃以下的冷库中，库房温度波动应控制在3 ℃以内。进出库搬运过程中，应注意小心轻放，不可碰坏包装箱；不同批次、规格的产品应分别堆垛，排列整齐；各品种、批次、规格应挂标识牌。堆叠作业时，应将产品置于垫架上，与墙壁距离不少于30厘米，与地面距离不少于10厘米，堆放高度以纸箱受压不变形为宜，且应距离冷库顶板有1米以上。垛与垛之间应有1米以上的通道。在进出货时，应做到"先进先出"。

14. 生产记录

每批进厂的原料应有产地（或养殖场）、规格、数量和检验验收的记录。加工过程中的质量、卫生关键控制点的监控记录，纠正活动记录和验证记录，监控仪器校正记录，成品及半成品的检验记录等，应保持有原始记录。按批出具合格证明，不合格产品不得出厂。产品出厂应有销售记录。应建立完整的质量管理档案，设有档案柜和档案管理人员，各种记录分类按月装订、归档，保留时间应2年以上。

15. 冻海鲈鱼片产品质量标准要求

海鲈鱼片的加工过程中，必须严格执行标准，并达到一定的要求，才能进入市场（表5-3至表5-6）。

表5-3　单冻海鲈鱼片产品的品质标准

项　　目	标　　准
形　　态	1. 鱼片完整、不变形、不断裂、不破碎，呈单个
	2. 无残留骨、鱼鳍或鱼尾，无碎肉
	3. 根据客户要求将鱼皮、血和内脏部分去除干净
色　　泽	1. 乳白色
	2. 无明显淤血或变色部分
	3. 无风干现象，无发黄、发绿等颜色变化
	4. 若有包冰衣，冰衣外观平滑，无气泡或杂质
气　　味	无硫化氢、氨臭及其他异臭味

（续）

项　目	标　准
挑　选	大小基本均匀、不得串规格
重　量	净重不低于标识重量，解冻后质量＝净重±3%
温　度	产品中心温度在－18℃以下
肉　质	产品解冻后弹性好，蒸煮后口感好
杂　质	无血污、鱼皮及其他异物

表5-4　单冻海鲈鱼片产品的重金属标准

项　目	标　准
汞	≤0.5毫克/千克
铅	≤0.5毫克/千克（输欧盟为≤0.2毫克/千克）
砷	≤0.5毫克/千克
镉	≤0.1毫克/千克（输欧盟为≤0.05毫克/千克）

表5-5　单冻海鲈鱼片产品的药物残留标准

项　目	标　准
孔雀石绿	不得检出
氯霉素	不得检出
呋喃唑酮代谢物（AOZ）	不得检出
呋喃他酮代谢物（AMOZ）	不得检出
呋喃妥因代谢物（AHD）	不得检出
呋喃西林代谢物（SEM）	不得检出
结晶紫	不得检出
恩诺沙星和环丙沙星	不得检出（<100微克/千克）
沙拉沙星	不得检出（<30微克/千克）
二氟沙星	不得检出（<300微克/千克）
多氯联苯	不得检出

表 5-6　单冻海鲈片产品的微生物标准

大肠杆菌	≤3.6 MPN/克
沙门氏菌	不得检出
金黄色葡萄球菌	≤10^4 cfu/克
霍乱弧菌	阴性
寄生虫	不得检出
*副溶血性弧菌	阴性
*单核细胞增生李斯特杆菌	阴性
*李斯特杆菌	<10
*O157：H7	不得检出

注：标注 * 表示美国法定要求检测的项目，标注 * 表示美国以外的其他国家可能法定要求的检测项目。MPN：最大可能数（most probable number，MPN）计数，又称稀释培养计数，适用于测定在一个混杂的微生物群落中虽不占优势，但却具有特殊生理功能的类群。cfu：单位重量的某检测物质在培养基平板上生长的菌落总数。

冻海鲈鱼片加工过程主要的设备见图 5-4。

二、低盐轻腌风味海鲈鱼片加工技术

海鲈经过低盐轻腌之后，肉质更紧致，口感滑嫩，风味也更好，所以目前这类产品在市场比较受消费者欢迎。低盐轻腌风味海鲈鱼片产品需采用低温流通，经过简单烹制即可食用，十分适合酒店、上班一族、年轻消费人群的需求，目前产品主要通过大型超市、酒店等渠道流通。

1. 工艺流程

鲜活海鲈→三去（鳃、鳞、内脏）→剖片→低盐腌制→沥水→分选规格→真空包装→冻结→装箱→成品→冷库贮藏、冷链运输流通。

清洗-提升传输-沥水工艺　　　　传送带

分选机、放血池　　　　提升机

打鳞机　　　　开背机

分选机及其相关装置　　　　真空机

图 5-4　海鲈加工生产线的主要设备

2. 工艺操作要点

（1）"三去"　首先对海鲈进行放血，然后去鱼鳞、去鱼鳃和鱼内脏（"三去"）。

（2）剖片　将"三去"后清洗干净的海鲈进行剖片，根据产品规格要求，可以背开或腹开，剖片后清洗干净，室温下沥干水分。

（3）低盐腌制　取海鲈鱼片于低温发窖桶中，在桶中加入5%～10%的食盐、少量砂糖和谷氨酸钠等，进行低温腌制，腌制时间依产品盐度而定，通常3～5小时即可。

（4）沥水　腌制后捞出海鲈鱼片，进行沥水。

（5）分选规格、包装　沥水后将海鲈鱼片按照规格大小筛分、称重，进行真空包装。

（6）冻结　将包装后的鱼片采用IQF冻结或隧道式液氮冻结机冻结，使鱼片中心的冻结终温低于−18℃。

（7）装箱、贮藏、运输　冻好的鱼片按商品规格要求装箱，即为成品，放入冷库中贮藏，库温需低于−20℃。成品流通过程需采用冷链运输。

三、茶香海鲈加工技术

茶源于中国，对人类的益寿保健有很大的好处，如《中国茶经》就记载其传统医疗功效多达24种，如降血压、降血脂、降血糖、减肥、消炎利尿、调节免疫和防辐射等。中国人喜欢喝茶，而茶作为食品，也是自古就有。特别是在我国上海、江苏、浙江、安徽、广东一带，茶膳都比较流行，如杭州有名的龙井虾仁、龙井鱼片、茶饭、茶菜等，由于其具有茶香风味，又解肥腻、腥异味等，所以深受消费者青睐。

利用优质茶叶熬制茶汤，用于调味加工海鲈，不仅能去除养殖海鲈的鱼腥味，赋予鱼肉清新茶香风味，同时茶汤中含有丰富的茶多酚、氨基酸、多糖等物质，一方面给予鱼肉丰富的滋味，另一方面茶多酚还是很好的抑菌和抗氧化物质，对鱼片的保鲜也起到很好的作用。所以利用不同的茶叶品种如红茶、绿茶、白茶、乌龙茶、花茶等，可以开发一系列不同茶香风味的海鲈调理食品。

1. 工艺流程
鲜活海鲈→"三去"→清洗→剖片→修整→二次清洗→茶液调

味→风干成熟→包装→杀菌→成品

2. 工艺操作要点

（1）"三去" 首先对海鲈进行放血，然后去鱼鳞、去鱼鳃和鱼内脏。

（2）剖片 将"三去"后清洗干净的海鲈进行剖片，根据产品规格要求，可以背开或腹开，剖片后清洗干净，室温下沥干水分，准备调味。

（3）茶液调味 取茶叶熬煮茶汤，在茶汤中加入适量食盐、砂糖、谷氨酸钠等制成茶液，然后将鱼片放入茶液中浸渍调味，调味温度要低于 10 ℃。

（4）低温风干 将调味好的鱼片挂在低温热泵干燥机中低温（25～30 ℃）风干，使最终产品的水分含量在 50％左右。

（5）产品 可根据需要将上述脱水 50％的调味鱼片进一步加工成即食茶香鲈鱼产品，或是冷冻预调理产品。

① 即食茶香鲈鱼产品：低温风干到产品水分含量约为 50％后，进行真空包装，予以 121 ℃、20 分钟的杀菌处理。

② 冷冻预调理茶香鲈鱼产品：低温风干到产品水分含量约为 50％后，进行真空包装，在－18 ℃条件下贮藏流通。

四、啤酒海鲈调理食品加工技术

随着海鲈产量的增加，活产活销的传统产销格局已难以满足市场供需。当前社会生活节奏加快，消费者进入厨房的时间越来越少，调理食品经过预加工处理，使原料成形并入味，消费者食用时只需加热几分钟，极大地节省了烹饪时间，且营养全面，口感好。所以开发新的调理食品、延长其货架期对提高海鲈利用率和价值有重要意义。

啤酒是十分受消费者欢迎的饮品，含有 800 多种化学物质，营养丰富，具有多种保健功能。啤酒还具有一定的脱腥作用，可能是因为鱼肉中的腥味物质能够溶解于酒精并伴随酒精挥发。所以利用啤酒开发啤酒海鲈调理食品，不仅降低了海鲈的鱼腥味，丰富了海鲈本身的风味，且利用啤酒中的酚类物质具有抗氧化作用，可适当延长产品贮藏时间。这种类型的产品能满足当前的消费和流通需求，也能提高海鲈利用价值。

1. 工艺流程

海鲈→预处理→啤酒调味→沥干→包装→贮藏。

2. 工艺操作要点

（1）预处理　将鲜活海鲈放血，去鱼鳞、鱼鳃和鱼内脏，剖片（可背开或直接取出两片鱼片）整形，去除鱼肉中残留的血渍，清洗干净，并于臭氧水中杀菌消毒处理5～8分钟，捞出后沥水待用。

（2）啤酒调味　在调味桶中倒入啤酒，并添加适量食盐、砂糖、生姜、味精和水，混匀后，放入海鲈鱼片，鱼片与啤酒的比例约为1∶2，以啤酒浸没鱼片为好。调味时间为3～4小时，温度控制在低于10 ℃。

（3）沥干　鱼片经调味后取出，需沥干表面水分。为了提高调理啤酒鱼片的口感，也为了加速鱼片表面水分的蒸发，但又不影响生鱼片品质，可采用常温风干的方法，风干沥水1小时左右，至鱼片表面无水分。

（4）包装、贮藏　啤酒鲈鱼调理食品为预烹调调理食品，所以可根据贮藏流通要求选择包装贮藏条件。产品采用真空包装，在4 ℃贮藏货架期可达8天；－18 ℃贮藏货架期可达1年。产品采用气调包装，在4 ℃贮藏货架期可达12天，在－3～－1 ℃微冻贮藏货架期可达2个月。与4 ℃贮藏相比，气调包装啤酒海鲈调理食品在微冻条件下能明显保持产品的品质并延长货架期，可满足当前冰鲜流通和消费的需求。

五、调味即食海鲈休闲食品加工技术

将海鲈开发为携带方便、滋味鲜美、营养健康、香味独特的产品，

171

能满足消费者在休闲、旅游时的食用要求，其市场前景非常广阔。

1. 工艺流程

鲜活海鲈→预处理→盐渍→沥干→热风干燥脱水→回软调味→装袋→真空封袋→高压高温杀菌→冷却→成品。

2. 工艺操作要点

（1）预处理　将鲜活海鲈放血，去鱼鳞、鱼鳃和鱼内脏，剖片或切块（根据产品需要而定），整形，去除鱼肉中残留的血渍，清洗干净，并于臭氧水中杀菌消毒处理 5～8 分钟，捞出后沥水待用。

（2）盐渍、沥干　盐水浓度为 5％，加入适量糖、姜、味精配制成盐渍液，将鱼片或鱼块放入腌渍，时间为 1～2 小时，温度控制在低于 10 ℃。腌渍后将鱼片或鱼块捞起沥干。

（3）热风干燥脱水　腌渍好的海鲈鱼片或鱼块，用热风干燥方式进行脱水，干燥条件为 60～70 ℃，风干至鱼肉水分含量在40％～50％。

（4）回软调味　经热风干燥脱水后，将鱼片或鱼块放置在香料水中回软 30 秒。香料水由少量五香粉、姜粉、食盐、糖溶于水中，加热搅拌沸腾制成，冷却后使用。

（5）装袋　将回软后的鱼片或鱼块称量装袋，同时加入合适配比的调味油。

调味油配方可根据产品要求而定，一般由酱油、植物油、花椒油、胡椒粉、姜粉、料酒等组成，加热沸腾，冷却至 80～90 ℃入袋。

（6）真空封袋　在最佳真空封袋条件（热封时间约 28 秒、真空度约为 0.05 兆帕、充气时间约 1.9 秒）下进行封袋。注意封口处切忌被油污染，以免影响封口质量。

（7）高压高温杀菌　将封装好的样品采用高温高压杀菌的方法进行杀菌，杀菌条件为 121 ℃、20 分钟。

（8）冷却、成品　样品杀菌后冷却至室温取出，擦干水，贴上标签，即为成品，可常温贮藏流通。

六、海鲈鱼松加工技术

海鲈鱼肉营养价值高，蛋白质含量丰富且富含人体所必需的氨基酸，以及 EPA 和 DHA 等对人体心脑血管和脑力发育有益的高不饱和脂肪酸，也含有微量维生素和人体所需的微量元素如钙、铁、锌等，所以其很适合用于开发适合老人、儿童食用的鱼松产品。加工后的海鲈鱼松产品，不含鱼骨鱼刺，色泽金黄、质地松软、口感细腻，富含人体所需的多种必需氨基酸、维生素 B_1、维生素 B_2、烟酸及钙、磷、铁等，且蛋白质质量优异，结缔组织少，可溶性蛋白多，易被人体消化吸收，是促进儿童智力发育和骨骼生长的上佳食品，也是老年人、孕产妇等人群摄取营养物质的理想食物。

1. 工艺流程

海鲈原料→前处理→清洗→蒸煮→取肉→炒制→调味炒松→冷却→包装→成品

2. 工艺操作要点

（1）原料要求　鱼类的肌纤维长短不同，原料肉色泽、风味等都有一定差异。海鲈鱼松加工的原料要求鲜度在二级以上，绝不能用变质海鲈生产海鲈鱼松。

（2）前处理　将仔细挑选的原料鱼用清水洗净，除去鱼鳞、鱼鳃、鱼鳍、鱼内脏、鱼头、鱼尾，再用水洗去血污杂质，沥水备用。

（3）蒸煮取肉　将前处理好的鱼体放在蒸煮锅中蒸煮熟，再剥去鱼皮、鱼骨、鱼刺，并顺着鱼肉纹理将鱼肉撕开，用轮肉机将鱼肉散开。

（4）炒制　将鱼肉放入炒松机中，用中火翻炒。传统鱼松加工多是人工翻炒，但人工翻炒存在效率不高且翻炒时鱼松不均匀等缺陷，使用炒松机能有效减少人工劳动，并保证鱼松质量的稳定性。

（5）调味炒松　在鱼肉炒制到水分较少时，可加入适量盐、糖和谷氨酸钠等调味料，进一步炒松，当鱼松由团粒较多的絮状转变为酥松纤维状时，方可成品。

调味料可根据鱼松口味不同进行添加，从而生产出不同口味的鱼松产品。

（6）冷却、包装　将炒好的鱼松冷却之后，进行包装，由于鱼松容易吸潮，所以为了方便食用，可采用小包装形式。

图5-5为海鲈鱼松常用蒸煮锅、炒松机。

蒸煮熟化　　　　　　　　　　　　调味炒干

图5-5　海鲈鱼松加工

福建闽威实业股份有限公司是一家集海水经济鱼类育苗、养殖、加工和销售于一体的科技型渔业企业，是福建海鲈产业化省级重点龙头企业，主营鲈鱼、大黄鱼等水产品。该公司应用海水鱼类精深加工技术，将自繁自养的优质健康海鲈通过精深加工技术，开发成风味独特、营养丰富的海鲈鱼松产品（彩图52），产品极大提高了海鲈的附加值。

海鲈优秀生产企业及参编单位介绍

一、优秀生产企业介绍

（一）广东强竞农业集团

作为一家拥有强竞农业、强竞养殖、强竞物流、强竞食品、强竞供应链和珠海广进水产养殖产销专业合作社的专业从事农业产业化运营创新的企业，广东强竞农业集团（以下简称"集团"）从 2013 年创办开始，一直秉承初心，坚持围绕食品安全和健康农业，致力铸造强竞农产品品牌，历经 6 年不断的技术创新与发展壮大，终于转型成长为专业从事农业产业化运营的创新型企业。集团现有总员工 450 余人，其中大专学历及工程师职称以上的有 130 多人，占比 28.89%。集团采取"公司＋农户""公司＋基地"的经营模式，拥有 6 000 亩生态养殖场，带动 4 000 多户农民养殖致富，实现海鲈年产量 10 万吨。

围绕斗门海鲈产业发展，积极创建特色渔业品牌，推动海鲈产业走向规模化、产业化、标准化、品牌化的健康发展之路。2018 年，集团总产值达 12 亿元，实现集团增效、农民增收目标，集团被科技部评为"高新技术企业"，获得"全国水产健康养殖示范场""中国水产风云榜年度渠道转型先锋""中国国际农产品交易会金奖""广东省重点农业龙头企业""广东省名牌产品企业""广东省菜篮子工程斗门强竞水产基地""广东省守合同重信用企业""广东省渔业物流示范企业""广东省十强鲜活水产经营企业""珠海市农业龙头企业""珠海市食品安全工作先进单位""珠海现代农业研发示范基地""珠海现代农业科研生产示范核心基地""强竞海鲈广东省名特优水产品""扶贫助困、乐善好施爱心企业""广东省乌鳢生态养殖标准化示范区""广东省白蕉海鲈现代化养殖示范园""优质食材供应商"等荣誉。

广东强竞农业集团水产品物流体系

（二）福建闽威实业有限公司

福建闽威实业有限公司创建于 1992 年，是一家集海洋经济鱼类育苗、养殖、加工、销售于一体的现代型渔业企业，也是福建省海洋产业龙头企业。公司坐落于美丽的"中国鲈鱼之乡"——福鼎市，于2017 年在全国中小企业股份转让系统新三板挂牌上市（股票代码：871927）。近 10 年来，公司先后承担国家重大项目，获得省部级以上奖项 10 余项，其中"闽威花鲈新品系健康养殖模式示范与技术推广"项目获得福建省科学进步奖、"花鲈生殖调控与室内人工育种技术"项目获得宁德市科学进步二等奖。现持有专利 17 项，商标 23 项，知识产权保持行业领先地位。

自 2010 年福鼎市被授予"中国鲈鱼之乡"以来，公司成功举办了五届中国鲈鱼文化节，创新和深化了鲈鱼文化的内涵。同时，公司建有中国首座以鲈鱼为主题的博物馆——中国鲈鱼文化博物馆，以积极弘扬建设海洋渔业文化，被授予"全国海洋意识教育基地""新时代宁德市百个社科普及基地"等称号。凭借行业知名度、美誉度和消费者的信任度，"闽威"品牌荣获"2017 最具影响力水产品企业品牌""渔博会金奖产品""福建省名牌产品""鲲鹏奖——2016年度中国水产业明星水产品"等荣誉。公司养殖育苗基地先后被确定为农业农村部福鼎花鲈良种场、农业农村部健康养殖示范场，获农业农村部无公害农产品、产地双认证，并设有国家海水鱼产业技术体系漳州综合试验站、福建省花鲈育种重点实验室、福建省院士专家工作站、福建省水产研究所海水鱼类试验基地、福建省闽台科技合作基地、福建省闽威花鲈加工企业工程技术研究中心等科研基地。

福建闽威实业有限公司研发中心

（三）唐山耕海水产科技有限公司

唐山耕海水产科技有限公司成立于2019年6月，注册资本300万元。公司的经营范围主要包括海水养殖、淡水养殖（鱼、虾、贝及其苗种），水产品饲料、环保设备的销售，水产养殖技术的开发、推广，以及休闲渔业等。

在海鲈养殖及构建北方海鲈种质资源基地方面，公司储备优质海鲈亲鱼5 000尾以上，每年生产2 000千克受精卵，培育优质苗种（1~10厘米）5 000万尾以上。生产的受精卵以供应我国南方市场为主，以供应国内北方市场及日本、韩国市场为辅。公司完备的养殖设施及高超的技术水平，可以充分保障北方海鲈种质资源基地的顺利建成，解决北方海鲈亲鱼培育、人工繁育与生殖调控、受精卵孵化与规模化生产、大规格苗种培育等关键技术。在此基础之上，公司也将逐步构建河北省海鲈原良种场，培育海鲈渤海新品种，为海鲈人工养殖与增殖放流夯实基础，也为国家"蓝色粮仓科技创新计划"提供充足的优质海鲈苗种供应。

唐山耕海水产科技有限公司海上网箱养殖区

（四）广东粤海饲料集团

广东粤海饲料集团是一家集研发、生产、销售于一体，以水产动物饲料、添加剂预混料、水产动保等为主营业务的国家重点高新技术企业，是我国大型的集团化优质水产饲料生产基地。集团下属子公司分布于广东、广西、浙江、福建、江苏、湖南、湖北、山东、海南等我国内陆和沿海地区。集团还将适时在越南、印度以及东南亚等特种水产养殖发达的国家和地区建立生产基地，逐步完善集团在全国的生产基地布局并向海外拓展，扩大公司的销售区域和品牌影响力。

集团现有员工 3 000 多人，本专科及以上学历者达 40%。截至 2018 年 6 月 30 日，专职研发人员共 367 名，其中包括博士 4 名、硕士 38 名、本科 183 名，专职研发人员中，高级工程师 5 名、工程师 20 名。集团坚持技术制胜战略，精心打造产品的核心竞争力，拥有自主开发核心技术的能力。投资数千万元建立了广东省省级企业技术中心、广东省水产动物饲料工程技术研究开发中心、水产动物营养院士工作站、科技部湛江海洋产业基地水产技术服务中心，建有中试、养殖示范基地 6 个，水产动物病害检测中心 5 个。集团坚持产学研合作的项目运作模式，与中国海洋大学、广东海洋大学、中山大学、中国科学院南海研究所等高校和科研院所合作，目前已完成研发项目 430 多项，在研课题 68 项，其中包括国家级项目 10 项、省级项目 35 项、市级项目 26 项。

广东粤海饲料集团总部

（五）利津县双瀛水产苗种有限责任公司

公司始建于 1985 年 10 月，为联合国粮食计划署 2771 援建项目实施单位，地处利津县刁口乡政府驻地，占地面积 380 亩；公司现有员工 49 人，其中专业技术人员和技术工人 14 人；总资产 5 310 万元，其中固定资产 3 922 万元。2015 年公司被评为东营市科技型企业；2017 年公司被评为利津花鲈省级良种场，2017 年创建东营市水生动物繁育与种子技术重点实验室；2018 年被山东省人民政府评为农业产业化省级重点龙头企业，与中国海洋大学联合建立山东省研究生培养基地。公司主要生产经营海水鱼、虾以及海蜇等苗种，共有育苗车间 11 栋，饵料培育室 1 栋，化验室 1 栋，总水体 15 000 米^3。公司取得了良好的经济效益和社会效益，获得了县委、县政府及省、市、县水产部门的高度评价，自 2003 起公司连年被东营市海洋与渔业局表彰为"渔业企业先进单位"。2005 年以来，公司被山东省海洋与渔业厅确定为海洋资源修复增殖站，主要放流中国对虾、半滑舌鳎和海蜇苗等。2018 年公司董事长陈守温被山东省人民政府评为"劳动模范"，公司有授权专利 6 项（含实用新型专利），获批"利津鲈鱼"国家商标、"利北花鲈"国家级地理商标。

利津县双瀛水产苗种有限责任公司总部

（六）珠海市斗门区河口渔业研究所

珠海市斗门区河口渔业研究所位于鹤洲北垦区内，是由区人民政府批准成立的地方公益性科研机构（斗海渔 2011〔25〕号文），单位性质是独立法人的民办非企业。2011 年 8 月在斗门区民政局以民办非企业性质注册成立，成立后主管单位是斗门区海洋与渔业局，2017 年 4 月更改为珠海市斗门生态农业园管委会。

研究所现有综合性基地一处，占地面积 180 亩，位于珠海市斗门区鹤洲北农垦区内，基础设施完善，配套建设有综合实验室、循环水车间、底栖动物繁育池和多种规格的试验与中试池塘。其中，综合实验室和办公区建筑面积 1 000 米^2，检测仪器设备种类较齐全，可以满足常规水质检测、病害检测、微生物培养、养殖水产品的样品长期冷冻保存等各项实验要求；循环水车间面积 500 米^2，300 米^3 水体；底栖动物繁育池面积 100 米^2。目前，实验基地共有员工 12 人，其中技术人员 9 人，财务人员 2 人，后勤人员 1 人；技术人员中具有高级职称的 2 人，中级职称的 2 人；持技能证书的 2人；博士 1 人，硕士 3 人。基地内所有技术人员均具有水产相关专业本科及以上学历，同时均具有至少 3 年以上水产行业一线工作经验。另外还有驻点博士后 1 人，签约技术合作博士 3 人。签署协议的合作单位派驻专家团队多人，其中包含院士 1 人，研究员和教授5 人，副研究员和副教授 3 人。珠海市斗门区河口渔业研究所特色鲜明、定位准确，既具备科研单位的研究特色，与众多科研院所和高校保持深入的科研项目合作，又拥有设施完备的基地条件，与当地行业企业开展了广泛的生产合作与试点推广。

珠海市斗门区河口渔业研究所俯瞰全貌

（七）烟台中集蓝海洋科技有限公司

中集集团下属烟台来福士海洋工程有限公司是一家集基础设计、详细设计、生产设计和产品建造能力于一体的综合性海洋装备开发及建造企业。拥有 600 多人的产品研发团队，其中许多为国内第一代海洋装 备技术专家。依托成熟的海洋油气平台技术以及挪威先进渔业技术和管理理念，开发出一系列深远海海洋渔业装备。另外，为开发适合不同海域和物种的渔业装备，抽调多名骨干成立合伙制企业烟台中集蓝海洋科技有限公司。烟台中集蓝海洋科技有限公司是中集集团的下属企业，注册资本 5 000 万元，是一家以海洋渔业装备研发设计服务、海洋牧场运营服务、海洋牧场示范区建设、海洋新能源、海洋环境检测及海洋环境保护为主要经营业务的综合性海洋渔业科技公司。

公司通过国内外渔业产业的布局，以深远海渔业装备为依托，积极探索渔业上下游产业链，发挥在海洋装备方面的优势，积极助力山东"海上粮仓"建设，实现渔业新旧动能转换，因地制宜地研发、设计海洋牧场平台、网箱等新型养殖装备，交付高自动化、智能化的特种渔业船舶以及渔业养殖、加工装备，实现渔业科技对现代渔业的引领作用，提升渔业装备生态化、精准化、自动化、智能化水平。目前公司设计开发了四大类，10多个产品，均拥有自主知识产权。开发的渔业装备包括海洋牧场平台、养殖网箱、渔业休闲综合体、现代化渔船。

烟台中集蓝海洋科技有限公司研发中心

二、参编单位及编委

1. 中国海洋大学水产学院：温海深、张美昭、李吉方、李昀、齐鑫、张凯强、侯志帅
2. 广东强竞农业集团：刘强
3. 福建闽威实业有限公司：方秀、汪晴
4. 唐山耕海水产科技有限公司：李卫东、姚兴锐、陈晨曦
5. 广东粤海饲料集团：陈光立、马学坤
6. 利津县双瀛水产苗种有限公司：徐扬涛、陈守温、王旭
7. 珠海市斗门区河口渔业研究所：崔阔鹏
8. 烟台中集蓝海洋科技有限公司：刘富祥
9. 珠海市现代农业发展中心：罗志平
10. 北部湾大学海洋学院：张艳秋、方怀义
11. 中国水产科学研究院南海水产研究所：吴燕燕
12. 全国水产技术推广总站：李刚、王庆龙、韩枫、王北阳
13. 内蒙古自治区呼和浩特市水产管理站：张凤琴

参 考 文 献

陈大刚，高天翔，曾晓起，等，2001. 莱州群体花鲈渔业生物学特征的研究 [J]. 海洋学报，23（4）：81-86.

陈大刚，张美昭，2015. 中国海洋鱼类 [M]. 青岛：中国海洋大学出版社：985-986.

成庆泰，郑葆珊，1987. 中国鱼类系统检索 [M]. 北京：科学出版社.

李冰，吴燕燕，魏涯，2016. 茶香淡腌鲈鱼的加工工艺技术研究 [J]. 食品工业科技，37（9）：267-272，303.

雷霁霖，2005. 海水鱼类养殖理论与技术 [M]. 北京：中国农业出版社：745-750.

农业农村部渔业渔政管理局，全国水产技术推广总站，中国水产学会，2019. 中国渔业统计年鉴 [M]. 北京：中国农业出版社.

苏跃朋，等，2014. 海鲈养殖新技术 [M]. 北京：中国农业出版社：7-8.

孙帼英，朱云云，周忠良，等，1994. 长江口及浙江沿海花鲈的繁殖生物学 [J]. 水产学报，18（1）：18-23.

王桂兴，侯吉伦，任建功，等，2017. 中国沿海6个花鲈群体的遗传多样性分析 [J]. 中国水产科学，24（2）：395-402.

温海深，李吉方，张美昭，2019. 海水养殖鲈鱼生理学与繁育技术 [M]. 北京：中国农业出版社.

温海深，张美昭，李吉方，等，2016. 我国花鲈养殖产业发展与种子工程研究进展 [J]. 渔业信息与战略，31（2）：105-111.

吴燕燕，李冰，朱小静，等，2016. 养殖海水和淡水鲈鱼的营养组成比较分析 [J]. 食品工业科技，37（20）：348-352，359.

吴燕燕，朱小静，李来好，等，2016. 养殖日本真鲈和大口黑鲈原料特性比较 [J]. 海洋渔业，38（5）：507-515.

吴燕燕，朱小静，李来好，等，2018. 比较调理啤酒鲈鱼片在不同贮藏条件下的品质变化 [J]. 食品科学，39（11）：214-220.

伍汉霖，邵广昭，赖春福，2012. 拉汉世界鱼类系统名典 [M]. 台北：水产出版社．

徐后国，2013. 饲料脂肪酸对鲈鱼幼鱼生长、健康及脂肪和脂肪酸累积的影响 [D]. 青岛：中国海洋大学．

郁欢欢，薛敏，韩芳，等．2014. 几种免疫调节剂对花鲈生长性能、免疫力以及细菌感染后存活率影响的比较研究 [J]. 动物营养学报，8：2386－2396.

张春晓，2006. 大黄鱼、鲈鱼主要 B 族维生素和矿物质磷的营养生理研究 [D]. 青岛：中国海洋大学．

张海燕，吴燕燕，李来好，等，2019. 鲈鱼保鲜加工技术研究现状 [J]. 广东海洋大学学报，39（4）：115－122.

Liu J X, Gao T X, Yokogawa K，et al, 2006. Differential population structuring and demographic history of two closely related fish species, Japanese sea bass (*Lateolabrax japonicus*) and spotted sea bass (*Lateolabrax maculatus*) in North-western Pacific [J]. Molecular Phylogenetics and Evolution，39：799－811.

Mai K S，Li H T，et al, 2006. Effects of dietary squid viscera meal on growth and cadmium accumulation in tissues of Japanese seabass, *Lateolabrax japonicus* （Cuvier 1828）［J］. Aquaculture Research，37：1063－1069.

Yokogawa K，Seki S，1995. Morphological and genetic differences between Japanese and Chinese sea bass of the genus *Lateolabrax* [J]. Japanese Journal of Ichthyology，41（4）：437－445.

Zhang Y，Wu Y，Jiang D，et al, 2014. Gamma-irradiated soybean meal replaced more fish meal in the diets of Japanese seabass (*Lateolabrax japonicus*) [J]. Animal Feed Science and Technology，197：155－163.

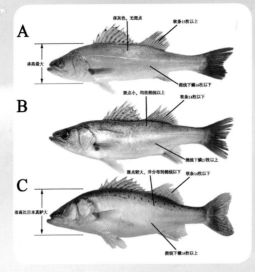

彩图1　花鲈属外形模式图
A.高体鲈（*L.latus*）B.日本真鲈（*L.japonicus*）
C.中国花鲈（*L.maculatus*）

彩图2　剁椒蒸海鲈

彩图3　葱香海鲈鱼

彩图4　干烧海鲈鱼

彩图5　非一般海鲈鱼

彩图6　宫保鲈鱼丁

彩图7　秘制烤海鲈鱼

彩图8　手撕鲈鱼

彩图9　滑溜鲈鱼片

彩图10 家常焖海鲈鱼

彩图11 招牌鲈鱼水饺

彩图12 拍姜蒸海鲈鱼

彩图13 秘制海鲈鱼

彩图14　手打鲈鱼丸

彩图15　双味鲈鱼

彩图16　松鼠鲈鱼

彩图17　酸菜海鲈鱼

彩图18　西柠檬海鲈鱼

彩图19　鲜椒鲈鱼

彩图20　鲜鲈鱼韭菜包

彩图21　小米鲈鱼狮子头

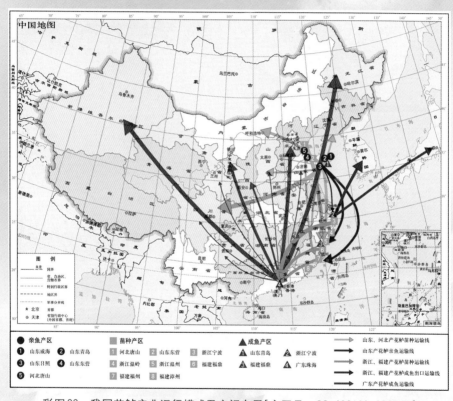

彩图22　我国花鲈产业运行模式及空间布局[审图号：GS（2019）3693号]

彩图23　中国水产流通与加工协会海鲈分会

彩图24　第五届中国鲈鱼文化节（福建福鼎）

彩图25　中国鲈鱼文化博物馆

彩图26 中国鲈鱼文化博物馆室内展区

彩图27 花鲈外部形态

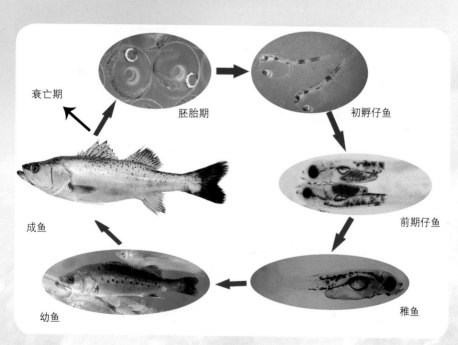

彩图28 花鲈的生命周期

彩图29　花鲈成熟的精巢

彩图30　花鲈成熟的卵巢

彩图31　花鲈亲鱼培育网箱

彩图32　收集花鲈受精卵

彩图33　花鲈受精卵孵化网箱

彩图34　花鲈受精卵塑料袋充氧包装

彩图35　圆形深水网箱（下左：局部结构，下右：网衣安装）

彩图36　安装上特制的进水与排气结构就成了升降式网箱

彩图37 患虹彩病毒病的花鲈

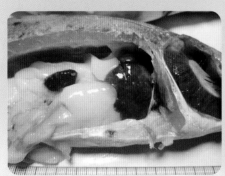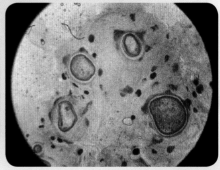

彩图38 患内脏白点病的花鲈（左：肝、脾结节明显；右：显微镜下的结节）

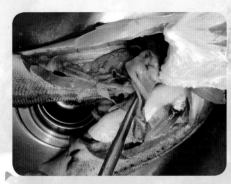

彩图39 花鲈肠炎

彩图40　烂鳃花鲈

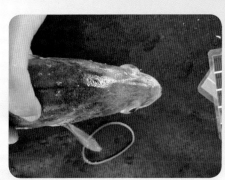

彩图41　患链球菌病的花鲈

彩图42　患水霉病的花鲈

彩图43　肝脏脂肪化的花鲈

彩图44 处理前（左）与处理后（右）的蓝藻水华

彩图45 花鲈脂肪累积颜色变黄

彩图46 正常花鲈脂肪颜色

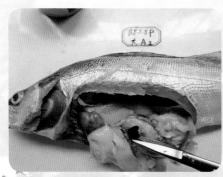

彩图47 花鲈肝脏颜色变浅

彩图48 花鲈脾脏发生病理性改变

彩图49　深水智能化坐底式网箱

彩图50　自升式多功能海洋牧场平台

彩图51 在冰水中的花鲈

彩图52 闽威实业的鱼松